高等职业教育**建筑设计类**专业教材
GAODENG ZHIYE JIAOYU JIANZHU SHEJILEI ZHUANYE JIAOCAI

ARCHITECTURAL
DESIGN

LÜSE JIANZHU
SHIGONGTU
SHIDU

绿色建筑施工图识读

主　编／蒋筱瑜

副主编／许　蕾　张　浩

主　审／唐　丽

U0240298

重庆大学出版社

内容提要

建筑施工图是建筑工程技术界的重要交流"语言",读懂建筑施工图是建筑工程技术人员必备的专业技能。本书根据国家现行标准,将绿色建筑相关知识和建筑施工图识读知识结合在一起,系统地阐述了建筑施工图识读基础知识、绿色建筑基础知识和绿色建筑施工图识读实践的主要内容。全书共分为4个模块,内容包括建筑施工图识读基础知识、绿色建筑基础知识、绿色建筑施工图识读基础知识及绿色建筑构造图识读基础知识。本书以某校三星级绿色建筑(2012年获三星级绿色建筑设计标识)为工程实例,阐述建筑施工图识读的相关知识。

本书可作为高职高专院校建筑类相关专业的教材和指导书,也可供相关工程技术人员参考。

图书在版编目(CIP)数据

绿色建筑施工图识读／蒋筱瑜主编. －－ 重庆：重庆大学出版社,2021.3

高等职业教育建筑设计类专业教材

ISBN 978-7-5689-2350-7

Ⅰ.①绿… Ⅱ.①蒋… Ⅲ.①生态建筑—建筑制图—识图—高等职业教育—教材 Ⅳ.①TU204.21

中国版本图书馆 CIP 数据核字(2020)第 135099 号

高等职业教育建筑设计类专业教材

绿色建筑施工图识读

主　编　蒋筱瑜
副主编　许　蕾　张　浩
主　审　唐　丽
策划编辑:范春青

责任编辑:李定群　　版式设计:范春青
责任校对:陈　力　　责任印制:赵　晟

*

重庆大学出版社出版发行
出版人:饶帮华
社址:重庆市沙坪坝区大学城西路 21 号
邮编:401331
电话:(023)88617190　88617185(中小学)
传真:(023)88617186　88617166
网址:http://www.cqup.com.cn
邮箱:fxk@cqup.com.cn(营销中心)
全国新华书店经销
重庆升光电力印务有限公司印刷

*

开本:787mm×1092mm　1/16　印张:9.25　字数:209 千
2021 年 3 月第 1 版　　2021 年 3 月第 1 次印刷
印数:1—2 000
ISBN 978-7-5689-2350-7　定价:36.00 元

前 言

党的十九大报告提出，推进绿色发展，建立健全绿色低碳可持续发展的经济体系，构建市场导向的绿色技术创新体系，推进资源全面节约和循环利用，实施国家节水行动，降低能耗、物耗，实现生产系统和生活系统循环链接，倡导简约适度、绿色低碳的生活方式，开展创建节约型机关、绿色家庭、绿色学校、绿色社区及绿色出行等行动。

建筑是传统高能耗行业，推进建筑节能，发展绿色建筑，促进建筑向高效绿色型转变，是顺应世界低碳经济发展趋势的必然选择。

我国绿色建筑历经10余年的发展，已实现从无到有、从少到多，从个别城市到全国范围，从单体到城区、城市规模化发展，直至目前省会以上城市保障性安居工程已全面强制执行绿色建筑标准，绿色建筑实践工作稳步推进，绿色建筑发展效益明显，绿色建筑评价蓬勃开展。

从规划设计到施工、运营及最终的拆除，绿色建筑的建造要求能够最低限度地影响环境、最大限度地节约资源。与传统建筑相比，绿色建筑在规划、设计、材料选用、部品制造、施工及使用等方面有一定的差异性，其建造对建筑工程技术人员的专业知识提出了更新、更高的要求。

施工图是进行工程施工、编制施工图预算和施工组织设计的依据，也是进行技术管理的重要技术文件。建筑施工图是建筑工程技术界的重要交流"语言"，读懂建筑施工图是建筑工程技术人员必备的专业技能。

为适应新时代职业教育发展的需要，增强学生对绿色建筑的理解，提升学生对绿色建筑的知识素养，训练学生识读整套建筑施工图的能力，培养建筑行业具备建筑识图能力的高素质技术技能人才，我们结合建筑企业的需求编写了本书。

全书共分为4个模块：模块1为建筑施工图识读基础知识，重点介绍建筑施工图的组成及建筑施工图识读的相关知识；模块2为绿色建筑基础知识，重点介绍绿色建筑及绿色建筑评价的相关知识；模块3为绿色建筑施工图识读基础知识，以某校三星级绿色建筑为工程实例，阐述建筑总平面图、平面图、立面图及剖面图识读的相关知识；模块4为绿色建筑构造图识读基础知识，重点阐述绿色建筑的节能设计、外墙与屋面构造图的识读。其中，绿色建筑施工图识读和绿色建筑构造图识读为本书重点。

本书注重理论与实践相结合，在内容设计上，充分考虑了当前高职高专学生的学习基础与学习能力，把建筑一线技术及管理人员应具备的绿色建筑施工图识读基本知识和建筑施工图识读能力作为本书的核心培养目标。本书内容新颖，重点突出，反映了我国当前建筑工程领域新技术、新工艺和新材料，注重把建筑施工图识读和绿色建筑相关知识结合在一起，融会贯通，具有工程性、应用性、通俗性及可读性特色。

本书由蒋筱瑜担任主编，由许蕾、张浩担任副主编，全书由蒋筱瑜负责统稿。具体编写分工为：江苏城乡建设职业学院蒋筱瑜编写模块1、模块2、模块3；江苏城乡建设职业学院许蕾、常州市规划设计院建筑设计所张浩编写模块4。郑州大学建筑学院唐丽教授对本书进行了审读，并对本书的编写提出了建设性意见，在此表示感谢！

在本书编写过程中，编者参考和引用了有关文献资料，在此谨向原书作者表示衷心感谢。

由于建筑地域特征明显，工程水平不一，本书引用的案例为江苏地区某教育行政类建筑，存在明显的局限性。同时，由于编者水平有限，本书难免存在不足和疏漏之处，敬请各位读者批评指正。

编　者

2020 年 10 月

CONTENTS **目录**

模块 1 建筑施工图识读基础知识 ················· 1

1.1 **建筑施工图的组成** ······················· 1

1.1.1 建筑的构成要素 ······················· 1

1.1.2 民用建筑的构造组成 ····················· 1

1.1.3 施工图的组成 ························· 1

1.1.4 施工图的识读要求与步骤 ··················· 4

1.1.5 建筑施工图的组成 ······················ 4

1.2 **建筑施工图识读概述** ······················ 7

1.2.1 建筑施工图有关规定和常用符号 ················ 7

1.2.2 建筑常用专业术语 ······················ 14

1.2.3 建筑施工图的识读方法和步骤 ················· 16

1.2.4 常用建筑工程图图例 ····················· 16

模块 2 绿色建筑基础知识 ····················· 33

2.1 **绿色建筑的基本知识** ······················ 33

2.1.1 绿色建筑的基本概念 ····················· 33

2.1.2 绿色建筑的特点 ······················· 33

2.1.3 绿色建筑相关术语 ······················ 34

2.1.4 绿色建筑重点应用技术 ···················· 39

2.2 **绿色建筑评价** ························· 40

2.2.1 绿色建筑评价标准的基本规定 ················· 40

2.2.2 绿色建筑评价与等级划分 ··················· 41

2.2.3 绿色建筑等级划分 ······················ 44

模块 3 绿色建筑施工图识读基础知识 ················ 45

3.1 **识读总平面图** ························· 45

3.1.1 总平面图的形成与作用 ···················· 45

3.1.2 总平面图的图示特点 ·· 45

3.1.3 总平面图的图示内容 ·· 45

3.1.4 总平面图的识读方法与步骤 ···································· 46

3.1.5 某楼总平面图识读 ·· 46

3.2 识读平面图 ·· 50

3.2.1 平面图的形成与作用 ·· 50

3.2.2 平面图的图示特点 ·· 50

3.2.3 平面图的图示内容 ·· 51

3.2.4 平面图的识读方法与步骤 ······································ 52

3.2.5 某绿色建筑平面图识读 ·· 52

3.3 识读立面图 ·· 58

3.3.1 立面图的形成与作用 ·· 58

3.2.2 立面图的图示特点 ·· 59

3.3.3 立面图的图示内容 ·· 59

3.3.4 立面图的识读方法与步骤 ······································ 59

3.3.5 某绿色建筑立面图的识读 ······································ 60

3.4 识读剖面图 ·· 60

3.4.1 剖面图的形成与作用 ·· 60

3.4.2 剖面图的图示特点 ·· 61

3.4.3 剖面图的图示内容 ·· 61

3.4.4 剖面图的识读方法与步骤 ······································ 62

3.4.5 某绿色建筑剖面图的识读 ······································ 62

模块4 绿色建筑构造图识读基础知识 ······························ 63

4.1 绿色建筑节能设计基础知识 ······································ 63

4.1.1 绿色建筑设计 ·· 63

4.1.2 绿色建筑节能设计 ·· 63

4.1.3 绿色建筑围护结构保温隔热设计 ································ 64

4.2 绿色建筑外墙保温隔热构造图识读 ································ 64

4.2.1 绿色建筑外墙构造基础知识 ···································· 64

4.2.2 外墙保温的常用构造图识读 ···································· 68

4.3 绿色建筑屋面构造图识读 ·· 84

4.3.1 绿色建筑屋面构造基础知识 ···································· 84

4.3.2 屋面保温常用构造图识读 ······································ 88

参考文献 ·· 100

模块 1　建筑施工图识读基础知识

1.1　建筑施工图的组成

建筑是建筑物与构筑物的总称,是人们为了满足社会生活需要,利用所掌握的物质技术手段,并运用一定的科学规律和美学法则创造的人工环境。广义的建筑物,是指人工建造而成的所有东西,既包括房屋,又包括构筑物。狭义的建筑物,仅指房屋,不包括构筑物。

根据建筑物的使用性质不同,建筑可分为民用建筑、工业建筑和农业建筑。其中,民用建筑又分为居住建筑和公共建筑。

1.1.1　建筑的构成要素

建筑的构成要素包括建筑功能、建筑技术和建筑形象。其中,建筑功能是指在物质和精神方面的具体使用要求;建筑技术是实现建筑功能的技术手段和物质基础,包括建筑材料、建筑结构、建筑设备及建筑施工技术等要素;建筑形象是建筑体型、立面式样、建筑色彩、材料质感及细部装饰等的综合反映。在 3 个构成要素中,建筑功能是主导因素,它对建筑技术和建筑形象起决定作用;建筑技术对建筑功能起制约或促进作用;建筑形象则是建筑功能、技术和艺术的综合表现。

1.1.2　民用建筑的构造组成

一幢民用建筑通常由基础、墙体或柱、楼层和地层、楼梯、屋顶及门窗等组成,如图1.1所示。基础是建筑物最底部的承重构件,基础承担建筑的全部荷载,并把这些荷载有效地传给地基;墙体是建筑物的承重和围护构件,柱是建筑物的承重构件;楼层是楼房建筑中的水平承重构件,地层是建筑底层房间与下部土层相接触的部分;楼梯是楼房建筑中联系上下各层的垂直交通设施;屋顶是建筑物顶部的围护和承重构件;门主要用于内外交通和隔离房间,窗的主要功能是采光和通风。

1.1.3　施工图的组成

房屋的建造需要经过两个阶段:一是设计阶段,二是施工阶段。其中,设计阶段又分为初步设计阶段和施工图设计阶段,对技术复杂的工程,还可增加技术设计阶段,见表1.1。

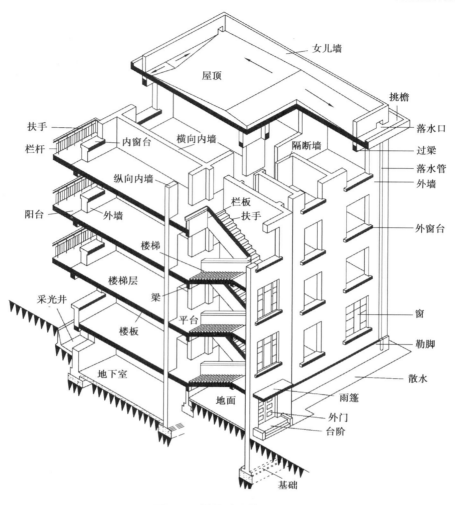

图1.1　民用建筑构造组成

表1.1　房屋建筑设计阶段

阶　段	内　容
初步设计阶段	按建设单位和任务书的要求,经过调查研究,弄清与工程建设有关的基本条件,收集必要的设计基础资料,完成方案设计,并绘制出总平面图,以及平面图、立面图、剖面图
技术设计阶段	对复杂的大型工程,在施工图设计之前,在初步设计基础上进一步进行细部构造设计,深入表达技术上所采取的措施,进行经济比较以及各种必要的计算等
施工图设计阶段	在完成技术设计的基础上,根据结构方案和构造方案,绘制出一套完整的施工图、结构计算书和工程预算书

　　施工图是用来表示工程项目总体布局,建筑物、构筑物的外部形状、内部布置、结构构造、内外装修、材料做法,以及设备、施工等要求的图纸。它是进行工程施工、编制施工图预算和施工组织设计的依据,也是进行技术管理的重要技术文件。

施工图具有图纸齐全、表达准确、要求具体等特点。一套完整的施工图包括图纸目录、设计说明、建筑施工图、结构施工图、设备施工图及电气施工图。

1）图纸目录

图纸目录列出所绘的图纸、所选用的标准图纸或重复利用的图纸等的编号及名称。

图纸目录的主要作用是便于查找图纸。它常置于全套图的首页，一般以表格形式编写，说明该套施工图有哪几类，各类图纸分别有几张，以及每张图纸的图名、图号、图幅大小等。

2）设计说明

设计说明包括施工图设计依据、工程设计规模和建筑面积、本项目的相对标高与绝对标高的定位、建筑材料及装修标准说明等。设计说明主要用于说明建筑概况、设计依据、施工要求及需要特别注意的事项等。有时，其他专业的设计说明可与建筑设计说明合并为整套图纸的总说明，设置于所有施工图的最前面。

3）建筑施工图

建筑施工图简称"建施"，主要表达建筑物的外部形状、内部布置、装饰构造及施工要求等。建施包括总平面图、平面图、立面图、剖面图及详图。

4）结构施工图

结构施工图简称"结施"，主要表达承重结构的构件类型、布置情况及构造做法等。结施包括基础平面图、基础详图、结构布置图及各构件的结构详图。

5）设备施工图

设备施工图简称"设施"，一般包括各层上水、消防、下水、热水、空调等平面图、透视图或各种管道立管详图，厕所、盥洗室、卫生间等局部房间平面详图或局部做法详图，主要设备或管件统计表和设计说明等。

6）电气施工图

电气施工图简称"电施"，一般包括各层动力、照明、弱电平面图，动力、照明系统图，弱电系统图，防雷平面图，非标准的配电盘、配电箱、配电柜详图和设计说明等。

一套完整的施工图一般的编排顺序是首页图（包括图纸目录、施工总说明、汇总表等）、建筑施工图、结构施工图、给水排水施工图、电气施工图、采暖通风施工图等。各专业的施工图应按图纸内容的主次关系系统地排列。例如，基本图在前，详图在后；总体图在前，局部图在后；主要部分在前，次要部分在后；布置图在前，构件图在后；先施工的图在前，后施工的图在后。

1.1.4　施工图的识读要求与步骤

1）识读要求

①掌握投影原理和建筑形体的各种投影表达方法。

②熟悉和掌握建筑制图国家标准的基本规定和查阅方法,如常用的图例、符号、线型、尺寸和比例,以及标准图集的查阅。

③基本掌握和了解房屋构造的组成。

2）识读步骤

①先详细阅读说明书、首页图(目录),后看建施、结施、设施。

②整套图:先建施,后结施、设施。

③每张图:先看图标、文字,后看图纸。

④识读建筑施工图:先看平面图、立面图、剖面图,后看详图。

⑤识读结构施工图:先看基础、结构布置平面图,后看构件详图。

⑥识读设备施工图:先看平面图,后看系统图、安装详图。

1.1.5　建筑施工图的组成

　　建筑施工图是用来表示房屋的规划位置、外部造型、内部布置、内外装修、细部构造、固定设施及施工要求等的图纸。一套完整的建筑施工图主要包括施工图首页、总平面图、平面图、立面图、剖面图及建筑详图等,如图 1.2 所示。施工图中,通常将图纸目录、设计说明、工程做法表及门窗统计表等文字说明进行集中编写,并放于施工图的前面,称为施工图首页,服务于全套图纸。

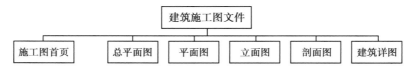

图 1.2　建筑施工图文件组成

1）封面

　　一套建筑施工图文件前面一般会有封面。其内容通常有项目名称、设计单位名称、项目的设计编号、设计阶段、编制单位法定代表人、技术总负责人、项目总负责人的姓名及其签字或授权盖章、设计日期等。

2）图纸目录

图纸目录的主要作用是便于图纸查阅及对整套图纸的全面了解。它常置于全套图的首页,一般以表格形式编写,说明该套施工图有哪几类,各类图纸分别有几张,以及每张图纸的图名、图号、图幅大小等,如图1.3所示。

图纸目录				
序号	图 号		图纸名称	图幅	备 注
1	建施	1/n	设计说明	A_n	
2	建施	2/n	设计说明 建筑构造及用料表	A_n	
3	建施	3/n	建筑总平面图	A_n	
4	建施	4/n	地下层平面图	A_n	
5	建施	5/n	平面图	A_n	
6	建施	6/n	立面图	A_n	
7	建施	7/n	剖面图	A_n	
8	建施	8/n	详图	A_n	
⋮	⋮	⋮	⋮	⋮	

图纸目录（注：工程引用通用图、标准图目录）			
序号	图集号	图集名称	编制单位
1	03J 926	建筑无障碍设计	中国建筑标准设计研究院
2	03J103-7	建筑幕墙	中国建筑标准设计研究院
3	05J 909	工程做法	中国建筑标准设计研究院
4	苏 J05-2006	楼梯	江苏省工程建设标准站
5	苏 J09-2004	墙身、楼地面变形张缝	江苏省工程建设标准站
⋮	⋮	⋮	⋮

图1.3 图纸目录示例

3）设计说明

设计说明是对施工图的必要补充,主要对施工图中未能表达清楚的内容作详细的说明,通常包括设计依据、工程概况、施工要求、工程做法及材料要求等。有时,其他专业的设计说明可与建筑设计说明合并为整套图纸的总说明,设置于所有施工图的最前面。

①设计依据:依据性文件名称和文号,如批文、本专业设计所执行的主要法规和所采用的主要标准及设计合同等。

②项目概况:建筑名称、建设地点、建设单位、建筑面积、建筑基底面积、项目设计规模等级、设计使用年限、建筑层数和建筑高度、建筑防火分类和耐火等级、人防工程类别、面积和防护等级、屋面和地下室防水等级、主要结构类型、抗震设防烈度等,以及能反映建筑规模的主

要技术经济指标。

③设计标高：工程的相对标高与总图绝对标高的关系。

④用料说明和室内外装修：材料种类、性能、规格、参数要求，以及室内外基础装修工程构造做法、施工步骤、工艺要求、参照标准等的设计说明。

⑤对采用新技术、新材料的做法说明，以及对特殊建筑造型和必要的建筑构造说明。

⑥门窗表及门窗性能、用料、颜色、玻璃、五金件等的设计要求。

⑦幕墙工程及特殊屋面工程的性能及制作要求。

⑧电梯（自动扶梯）选择及性能说明。

⑨建筑防火设计说明。

⑩无障碍设计说明。

⑪环保说明：室内环境控制参照标准以及室内装饰材料选用的环保指标要求说明。

⑫建筑节能设计说明：对绿色建筑，其设计说明通常设有建筑节能专篇，内容包括工程概况、设计依据、围护结构的热工性能及其性能性指标设计、地源热泵系统设计、太阳能光伏发电等。

4）总平面图

将拟建工程四周一定范围内的新建、拟建、原有及拆除的建筑物、构筑物连同其周围的地形地物状况，用水平投影方法和相应的图例所画出的图纸，即总平面图。它用来表明建筑工程的总体布局，反映新建房屋、构筑物的位置和朝向，室外场地、道路、绿化等的布置，以及地形、地貌、标高等情况，是新建房屋施工定位、土方施工及施工总平面设计的重要依据。

5）平面图

建筑平面图是用一个假想的水平剖切平面在建筑物的门窗洞口处水平剖切向下正投影形成的图纸。建筑平面图包括底层平面图、楼层平面图和屋顶平面图。建筑平面图可作为施工放线、门窗安装、预留孔洞、预埋构件、室内装修、编制预算及施工备料等的重要依据。

6）立面图

建筑立面图是房屋各个方向的外墙面以及按投影方向可见构配件向与之平行的投影面投影形成的正投影图。它主要用来反映房屋的外形和外貌、门窗形式和位置、墙面装修材料和色调等。

7）剖面图

建筑剖面图是用一个假想的平行于投影面的剖切平面，将建筑物自屋顶到地面横向或竖向垂直切开，移去观察者与剖切平面之间的部分，对余下部分所作的正投影图。它主要用来表达房屋内部的结构形式、高度尺寸以及内部上下分层的情况。

8）建筑详图

建筑详图是用较大的比例，按正投影方法，将建筑细部构造、构配件做法详细表达出来，是建筑细部的施工图。建筑详图也称大样图，是对建筑平面图、立面图和剖面图的深化和补充，是建筑构配件制作和编制预算的依据。

1.2 建筑施工图识读概述

施工图是施工的"语言"。要读懂施工图，应熟悉施工图常用的规定、符号、表示方法及图例等。

1.2.1 建筑施工图有关规定和常用符号

1）定位轴线

定位轴线是确定承重构件平面相互位置的基准线，是施工放线和设备安装的依据。

在房屋建筑图中，凡墙、柱、梁、屋架等承重构件都要画出定位轴线，并对轴线进行编号，以确定其位置。对分隔墙、次要构件等非承重构件，可用附加轴线（分轴线）表示其位置，也可仅注明其与附近轴线的相关尺寸，以确定其位置。

定位轴线用细点画线绘制。定位轴线一般应编号，编号应注写在轴线端部的圆内。端部的圆用细实线绘制，直径为 8 ~ 10 mm。定位轴线圆的圆心应在定位轴线的延长线上或延长线的折线上。

平面图上定位轴线的编号宜标注在图纸的下方与左侧。横向编号应用阿拉伯数字，从左到右顺序编写；竖向编号应用大写拉丁字母，从下至上顺序编写，如图1.4所示。

大写拉丁字母的 I,O,Z 不得用作轴线编号。组合较复杂的平面图中，定位轴线也可采用分区编号，编号的注写形式应为"分区号-该分区编号"，分区号采用阿拉伯数字或大写拉丁字母表示，如图1.5所示。

附加定位轴线的编号应以分数形式表示，并应按下列规定编写：

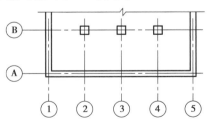

图1.4 定位轴线的编号顺序

①两根轴线间的附加轴线，应以分母表示前一根轴线的编号，分子表示附加轴线的编号，编号宜用阿拉伯数字按顺序编写。1 号轴线或 A 号轴线之前的附加轴线的分母应以 01 或 0A 表示，如图1.6所示。

②通用详图中的定位轴线，应只画圆，不注写轴线编号。

③一个详图适用于几根轴线时，应同时注明各有关轴线的编号，如图1.7所示。

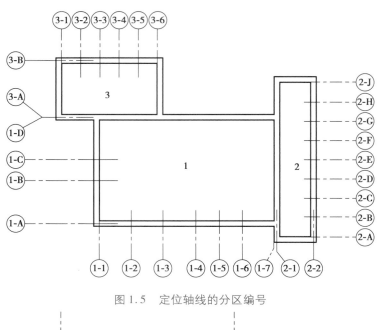

图 1.5　定位轴线的分区编号

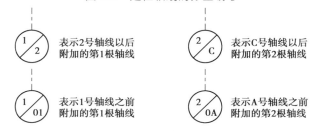

图 1.6　附加定位轴线的编号

图 1.7　详图的轴线编号

④圆形平面图中定位轴线的编号。其径向轴线宜用阿拉伯数字表示,从左下角开始,按逆时针顺序编号;其圆周轴线宜用大写拉丁字母表示,从外向内顺序编写,如图 1.8 所示。

⑤弧形平面定位轴线的编号可按如图 1.9 所示的形式编写。

⑥折线形平面定位轴线的编号可按如图 1.10 所示的形式编写。

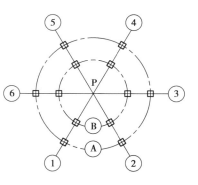

图 1.8　圆形平面定位轴线的编号

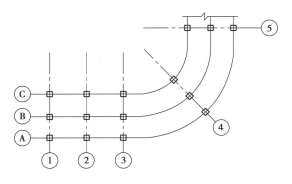

图1.9 弧形平面定位轴线的编号

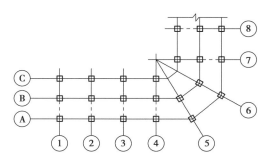

图1.10 折线形平面定位轴线的编号

2)标高

(1)标高的分类

标高是用以标注建筑各部位高度或地势高度的符号。根据标注高度的"0"点位置不同,标高可分为绝对标高和相对标高;根据标高在施工图中所标注的位置不同,标高可分为建筑标高和结构标高。

绝对标高又称海拔标高,是全国统一使用的标高。我国是把黄海平均海平面定为绝对标高的零点,其他各地标高以此为基准。绝对标高常用在总图上,是法定的、正规的、使用最多的高程系统。

相对标高是指标高的基准面根据工程需要,自行选定而引出的标高。它用于建筑物施工图的标高标注。一般取首层室内地面±0.000作为相对标高的基准面。相对标高的标高数值以米(m)为单位,一般注至小数点后三位数。

建筑标高是指标注在建筑物完成面处的标高。

结构标高是指标注在建筑结构部位处(如梁底、板底)的标高,是构件的安装或施工高度。

一般图纸设计的建筑标高与结构标高不一样。建筑标高从楼地面装修的顶面计算;结构标高从结构板顶计算,不包括装饰层厚度,即装饰装修前的标高。因此,建筑标高与结构标高差了一个地面装修厚度。例如,若地面工程装饰做法为5 cm,则一层建筑地面结构标高为−0.05。一般情况下,只有在施工图中才会出现结构标高。箭头可向上、向下。

如图1.11所示,建筑标高与结构标高的关系为

$$建筑标高 = 结构标高 + 装饰层厚度$$

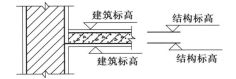

图1.11 建筑标高与结构标高

一般来说,楼面的标高都是结构标高,在建筑图上的标高与结构图的说明是一样的,而且多数建筑图总说明中都会注明"标高为结构标高",除非建筑对高度有特殊要求,才会不同。

（2）标高符号

标高符号应以高度为 3 mm 的直角等腰三角形表示,并用细实线绘制。标高符号的尖端应指至被注高度的位置,尖端宜向下,也可向上。标高符号的具体画法如图 1.12 所示。

标高符号取适当长度注写标高数字,标高数字应注写在标高符号的上侧或下侧,标高数字应以米(m)为单位,注写到小数点以后第三位。在总平面图中,可注写到小数字点以后第二位,标高数字可按如图 1.13 所示的形式注写。零点标高应注写成 ±0.000,正数标高不注" + ",负数标高应注" - ",如 3.000, -0.600。

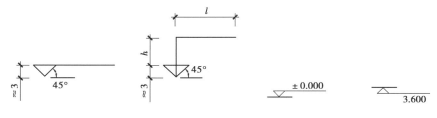

图 1.12　标高符号　　　　　　　　图 1.13　标高数字注写

总平面图室外地坪标高符号,宜用涂黑的三角形表示,具体画法如图 1.14 所示。

在图纸的同一位置需表示几个不同标高时,标高数字可按如图 1.15 所示的形式注写。

图 1.14　总平面图室外地坪标高符号　　　　图 1.15　同一位置注写多个标高数字

3）索引符号与详图符号

（1）索引符号

图纸中的某一局部或构件,如需另见详图,应以索引符号索引,如图 1.16(a)所示。索引符号是由直径为 8 ~ 10 mm 的圆和水平直径组成的。圆及其水平直径均应以细实线绘制。索引符号应按下列规定编写:

索引出的详图,如与被索引的详图同在一张图纸内,应在索引符号的上半圆中用阿拉伯数字注明该详图的编号,并在下半圆中间画一段水平细实线,如图 1.16(b)所示。

索引出的详图,如与被索引的详图不在同一张图纸内,应在索引符号的上半圆中用阿拉伯数字注明该详图的编号,在索引符号的下半圆用阿拉伯数字注明该详图所在图纸的编号,如图 1.16(c)所示。数字较多时,可加文字标注。

索引出的详图,如采用标准图,应在索引符号水平直径的延长线上加注该标准图册的编号,如图 1.16(d)所示。需要标注比例时,文字在索引符号右侧或延长线下方,与符号下对齐。

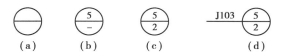

图 1.16　索引符号

索引符号如用于索引剖面详图,应在被剖切的部位绘制剖切位置线,并以引出线引出索引符号,引出线所在的一侧应为投射方向。索引符号编写规定如图 1.17 所示。

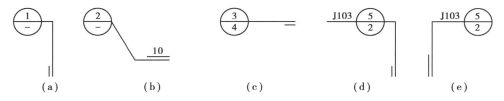

图 1.17　用于索引剖面详图的索引符号

（2）详图符号

详图的位置和编号应以详图符号表示。详图符号的圆应以粗实线绘制,直径为 14 mm。详图符号编写规定如图 1.18 所示。

（a）与被索引图样同在一张图纸内的详图符号

（b）与被索引图样不在同一张图纸内的详图符号

图 1.18　详图符号

4）引出线

引出线应以细实线绘制,宜采用水平方向的直线,与水平方向成 30°,45°,60°,90°的直线,或经上述角度再折为水平线。文字说明宜注写在水平线的上方,也可注写在水平线的端部,索引详图的引出线应与水平直径线相连接,如图 1.19 所示。

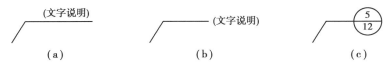

图 1.19　引出线

同时引出几个相同部分的引出线,宜互相平行,也可画成集中于一点的放射线,如图 1.20 所示。

多层构造共用引出线,应通过被引出的各层。文字说明宜注写在水平线的上方,或注写在水平线的端部,说明的顺序应由上至下,并与被说明的层次相一致。如层次为横向排序,则由上至下的说明顺序应与从左至右的层次相一致,如图 1.21 所示。

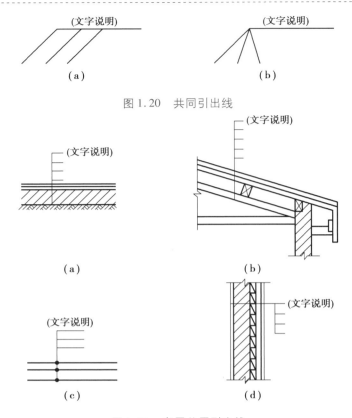

图 1.20　共同引出线

图 1.21　多层共用引出线

5）连接符号

连接符号应以折断线表示需连接的部位。两部位相距过远时,折断线两端靠图纸一侧应标注大写拉丁字母表示连接编号。两个被连接的图纸必须用相同的字母编号,如图 1.22 所示。

6）对称符号

对称符号由对称线和两端的两对平行线组成。对称线用细点画线绘制;平行线用细实线绘制,其长度宜为 6 ~ 10 mm,每对线的间距宜为 2 ~ 3 mm;对称线垂直平分于两对平行线,两端超出平行线宜为 2 ~ 3 mm,如图 1.23 所示。

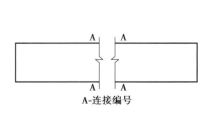

图 1.22　连接符号

图 1.23　对称符号

7）指北针与风向频率玫瑰图

指北针与风向频率玫瑰图主要用于建筑总平面图,用来表示建筑物的朝向。

指北针的形状如图1.24所示。其圆的直径宜为24 mm,用细实线绘制;指针尾部的宽度宜为3 mm,指针头部应注"北"或"N"字。需用较大直径绘制指北针时,指针尾部宽度宜为直径的1/8。指北针应绘制在建筑物±0.000标高的平面图上,并放在明显位置,所指的方向应与总图一致。

风向频率玫瑰图也称风向玫瑰图(简称风玫瑰图),是根据某一地区多年平均统计的各个风向和风速的百分数值,并按一定比例绘制,一般多用8个或16个罗盘方位表示。它因形状酷似玫瑰花朵而得名。

如图1.25所示,风玫瑰图反映某地常年主导风向以及6月、7月、8月这3个月的主导风向(虚线表示),共有16个方向。其中,实线表示全年的风向频率,虚线表示夏季(6月、7月、8月)的风向频率。风由外面吹过建设区域中心的方向,称为风向。风向频率是在一定的时间内某一方向出现风向的次数占总观察次数的百分比。

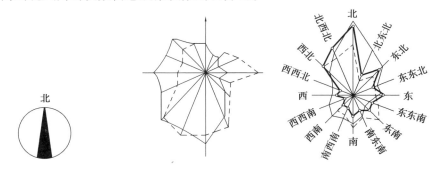

图1.24 指北针　　　　　　　图1.25 风向频率玫瑰图

8）坐标

坐标分为建筑坐标和测量坐标两种。它一般用于建筑总平面图中标定各建筑物之间的相对位置及与图外其他建筑物或参照物的相对位置关系。它以细实线绘制。测量坐标代号宜用$X,Y(X$轴方向指向北,Y轴指向东)表示,如图1.26(a)所示;建筑坐标代号宜用A,B表示,如图1.26(b)所示。坐标值为负值时,应注"−"号;坐标值为正数时,"+"号可省略。坐标数字平行于建筑标注。

图1.26 坐标系

表示建筑物、构筑物位置的坐标,宜注其3个角的坐标,如建筑物、构筑物与坐标轴线平行,可注其对角坐标。较小的建筑物、构筑物也可用相对尺寸定位。

1.2.2　建筑常用专业术语

1)横向

横向是指建筑物宽度方向的距离。

2)纵向

纵向是指建筑物长度方向的距离。

3)横向定位轴线

横向定位轴线是指在平行于建筑物宽度方向设置的轴线,用以确定横向墙体、柱、梁及基础的位置。

4)纵向定位轴线

纵向定位轴线是指在平行于建筑物长度方向设置的轴线,用以确定纵向墙体、柱、梁及基础的位置。

5)开间

开间是指两相邻横向定位轴线之间的距离。

6)进深

进深是指两相邻纵向定位轴线之间的距离。

7)层高

层高是指层间的高度,即地面至楼面或楼面至楼面的高度。

8)净高

净高是指房间的净空高度,即地面至顶棚下皮的高度。它等于层高减去楼地面厚度、楼板厚度和顶棚高度。

9)建筑高度

建筑高度是指室外地坪至檐口顶部的总高度。

10）柱距

柱距是指相邻两条横向定位轴线之间的距离。它主要用于框架结构建筑。

11）柱网

柱网是指由双向轴线和轴线交点处的柱形成的网状平面。

12）建筑朝向

建筑朝向是指建筑的最长立面及主要开口部位的朝向。

13）建筑面积

建筑面积是指建筑物外包尺寸的乘积再乘以层数，由使用面积、交通面积和结构面积组成。

14）使用面积

使用面积是指主要使用房间和辅助使用房间的净面积。

15）交通面积

交通面积是指走廊、门厅、楼梯、电梯、坡道及自动扶梯等交通设施所占的净面积。

16）结构面积

结构面积是指墙体、柱子等所占的面积。

17）建筑结构

建筑物中承受和传递荷载起骨架作用的部分，称为建筑结构，简称结构。建筑结构由若干构件连接而成。

18）建筑构件

建筑构件简称构件，是指建筑物骨架的单元，承受荷载的物件，如柱子、梁、板等。在标准图集中，常用代号"G"表示。

19）建筑配件

建筑配件简称配件，是指建筑物中起维护、分割、美观等作用的非承重物件，如门、窗等。在标准图集中，常用代号"J"表示。

20）标准图

把许多建筑物所需的各类构件和配件按照统一模数设计成几种不同规格的标准图集,这些统一的构件及配件图集,经国家建筑部门审查批准后,称为标准图。

1.2.3　建筑施工图的识读方法和步骤

建筑施工图的图纸一般较多,要想顺利识读施工图纸的内容,首先要熟悉建筑施工图的专业知识及有关的标准,其次是掌握正确的识读方法。

看图时,应按一定的顺序进行:先看整体,再看局部;先宏观看图,再微观细看。

具体步骤如下:对整套图纸,先看说明书、首页图,再看建筑施工图、结构施工图和设备施工图;先读基本图,再读详图;对每一张图纸,先看图标、文字,后看图纸。

总之,建筑整套施工图表达的是同一建筑物。因此,在识读建筑施工图时,应养成将平面图、立面图、剖面图、详图与表格以及文字说明联系起来看的习惯,把所有相关图纸联系起来对照着读,从中了解它们之间的关系,建立起完整、准确的工程概念。

1.2.4　常用建筑工程图图例

读懂图例是识读施工图的前提。表1.2—表1.5是一些常用建筑工程图图例,供读图时参考使用。

表1.2　常用总平面图图例

序号	名称	图　例	备　注
1	新建建筑物	$X=$ $Y=$ ① $12F/2D$ $H=59.00$ m	新建建筑物以粗实线表示与室外地坪相接处±0.00外墙定位轮廓线 建筑物一般以±0.00高度处的外墙定位轴线交叉点坐标定位。轴线用细实线表示,并标明轴线号 根据不同设计阶段标注建筑编号,地上、地下层数,建筑高度,建筑出入口位置(两种表示方法均可,但同一图纸采用一种表示方法) 地下建筑物以粗虚线表示其轮廓 建筑上部(±0.00以上)外挑建筑用细实线表示 建筑物上部连廊用细虚线表示并标注位置
2	原物建筑物		用细实线表示

续表

序号	名称	图　例	备　注
3	计划扩建的预留地或建筑物		用中粗虚线表示
4	拆除的建筑物		用细实线表示
5	建筑物下面的通道		—
6	散状材料露天堆场		需要时可注明材料名称
7	其他材料露天堆场或露天作业场		需要时可注明材料名称
8	铺砌场地		—
9	敞棚或敞廊		—
10	高架式料仓		—
11	漏斗式贮仓		左右图为底卸式中图为侧卸式
12	冷却塔(池)		应注明冷却塔或冷却池
13	水塔、贮罐		左图为卧式贮罐右图为水塔或立式贮罐
14	水池、坑槽		也可以不涂黑
15	明滴矿槽(井)		—
16	斜井或平硐		—

续表

序号	名称	图例	备注
17	烟囱	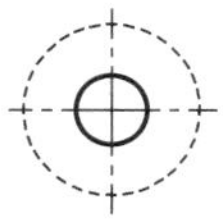	实线为烟囱下部直径,虚线为基础,必要时可注写烟囱高度和上下口直径
18	围墙及大门	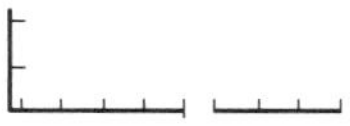	—
19	挡土墙	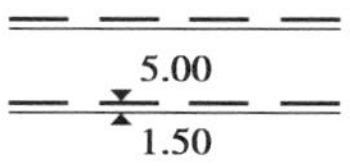 5.00 / 1.50	挡土墙根据不同设计阶段的需要标注 墙顶标高 墙底标高
20	挡土墙上设围墙		—
21	台阶及无障碍坡道	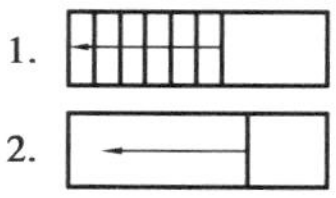 1. 2.	1. 表示台阶(级数仅为示意) 2. 表示无障碍坡道
22	露天桥式起重机	 $G_n=$ t	起重机的起重量 G_n,以吨计算 "·"为柱子位置
23	露天电动葫芦	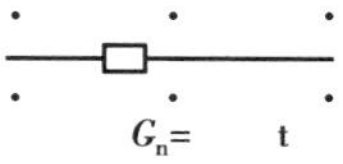 $G_n=$ t	起重机的起重量 G_s,以吨计算 "·"为支架位置
24	门式起重机	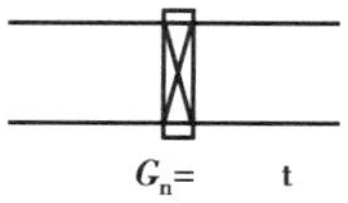 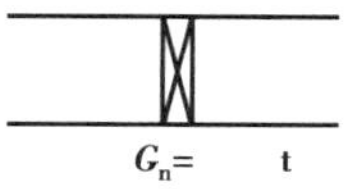 $G_n=$ t $G_n=$ t	起重机的起重量 G_n,以吨计算 上图表示有外伸臂 下图表示无外伸臂
25	架空索道		"I"为支架位置
26	斜坡卷扬机道		—
27	斜坡栈桥(皮带廊等)	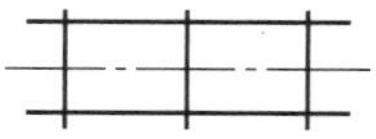	细实线表示支架中心线位置
28	坐标	1. 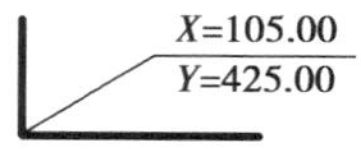 $X=105.00$ / $Y=425.00$ 2. $A=105.00$ / $B=425.00$ 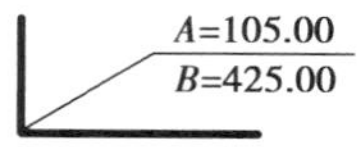	1. 表示地形测量坐标系 2. 表示自设坐标系 坐标数字平行于建筑标注

续表

序号	名称	图 例	备 注
29	方格网 交叉点标高	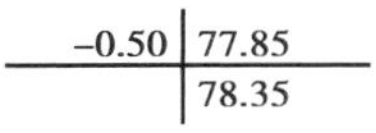 −0.50 | 77.85 78.35	"78.35"为原地面标高 "77.85"为设计标高 "−0.50"为施工高度 "−"表示挖方（"+"表示填方）
30	填方区、 挖方区、 未整平区 及零线	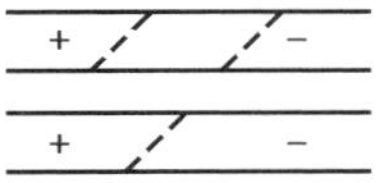	"+"表示填方区 "−"表示挖方区 中间为未整平区 点画线为零点线
31	填挖边坡		—
32	分水脊线 与谷线	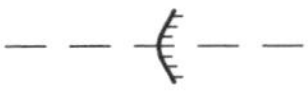 	上图表示脊线 下图表示谷线
33	洪水淹没线		洪水最高水位以文字标注
34	地表排水方向		—
35	截水沟	 40.00	"I"表示1%的沟底纵向坡度，"40.00"表示变坡点间距离，箭头表示水流方向
36	排水明沟	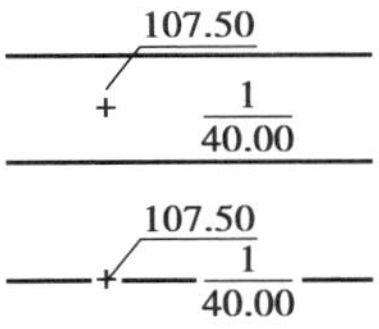 107.50 + ——1—— 40.00 107.50 ——1—— 40.00	上图用于比例较大的图面 下图用于比例较小的图面 "I"表示1%的沟底纵向坡度，"40.00"表示变坡点间距离，箭头表示水流方向 "107.50"表示沟底变坡点标高（变坡点以"+"表示）
37	有盖板 的排水沟	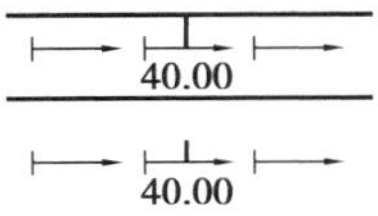 40.00 40.00	—
38	雨水口	1. 2. 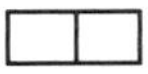 3.	1.雨水口 2.原有雨水口 3.双落式雨水口
39	消火栓井		—

续表

序号	名称	图例	备注
40	急流槽		箭头表示水流方向
41	跌水		
42	拦水(闸)坝		—
43	透水路堤		边坡较长时,可在一端或两端局部表示
44	过水路面		—
45	室内地坪标高	151.00 (±0.00)	数字平行于建筑物书写
46	室外地坪标高	143.00	室外标高也可采用等高线
47	盲道		—
48	地下车库入口		机动车停车场
49	地面露天停车场		—
50	露天机械停车场		露天机械停车场

表1.3 常用建筑材料图例

序号	名称	图例	备注
1	自然土壤		包括各种自然土壤
2	夯实土壤		—
3	砂、灰土		—
4	砂砾石、碎砖三合土		—
5	石材		—

续表

序号	名称	图　例	备　注
6	毛石		—
7	实心砖、多孔砖		包括普通砖、多孔砖、混凝土砖等砌体
8	耐火砖		包括耐酸砖等砌体
9	空心砖、空心砌块		包括空心砖、普通或轻骨料混凝土小型空心砌块等砌体
10	加气混凝土		包括加气混凝土砌块砌体、加气混凝土墙板及加气混凝土材料制品等
11	饰面砖		包括铺地砖、玻璃马赛克、陶瓷锦砖、人造大理石等
12	焦渣、矿渣		包括与水泥、石灰等混合而成的材料
13	混凝土		1. 包括各种强度等级、骨料、添加剂的混凝土 2. 在剖面图上绘制表达钢筋时，则不需绘制图例线
14	钢筋混凝土		3. 断面图形较小，不易绘制表达图例线时，可填黑或深灰(灰度宜70%)
15	多孔材料		包括水泥珍珠岩、沥青珍珠岩、泡沫混凝土、软木、蛭石制品等
16	纤维材料		包括矿棉、岩棉、玻璃棉、麻丝、木丝板、纤维板等
17	泡沫塑料材料		包括聚苯乙烯、聚乙烯、聚氨酯等多聚合物类材料
18	木材		1. 上图为横断面,左上图为垫木、木砖或木龙骨 2. 下图为纵断面
19	胶合板		应注明为×层胶合板
20	石膏板		包括圆孔或方孔石膏板、防水石膏板、硅钙板、防火石膏板等

续表

序号	名称	图　例	备　注
21	金属		1.包括各种金属 2.图形较小时,可填黑或深灰（灰度宜70%）
22	网状材料		1.包括金属、塑料网状材料 2.应注明具体材料名称
23	液体		应注明具体液体名称
24	玻璃		包括平板玻璃、磨砂玻璃、夹丝玻璃、钢化玻璃、中空玻璃、夹层玻璃、镀膜玻璃等
25	橡胶		—
26	塑料		包括各种软、硬塑料及有机玻璃等
27	防水材料		构造层次多或绘制比例大时,采用上面的图例
28	粉刷		本图例采用较稀的点

注:①表中所列图例通常在1:50及以上比例的详图中绘制表达。

②如需表达砖、砌块等砌体墙的承重情况时,可通过在原有建筑材料图例上增加填灰等方式进行区分,灰度宜为25%左右。

③序号1,2,5,7,8,14,15,21图例中的斜线、短斜线、交叉线等均为45°。

表1.4　常用建筑构配件图例

序号	名称	图　例	说　明
1	墙体		应加注文字或填充图例,表示墙体材料,在项目设计图纸说明中列材料图例表给予说明
2	隔断		包括板条抹灰、木制、石膏板、金属材料等隔断 适用于到顶与不到顶隔断
3	栏杆		—

续表

序号	名称	图 例	说 明
4	底层楼梯		
5	中间层楼梯		楼梯的形式及步数应按实际情况绘制
6	顶层楼梯		
7	长坡道		—
8	门口坡道		—
9	平面高差		适用于高差小于 100 mm 的两个地面或楼面相接处
10	检查孔		左图为可见检查孔 右图为不可见检查孔
11	孔洞		阴影部分可以涂色代替
12	坑槽		—
13	墙上留洞	宽×高或φ 底（顶或中心） 标高××,×××	以洞中心或洞边定位 宜以涂色区别墙体和留洞位置
14	墙顶留槽	宽×高或φ 底（顶或中心） 标高××,×××	

续表

序号	名称	图 例	说 明
15	烟道		阴影部分可以涂色代替 烟道与墙体为同一材料,其相接处墙身线应断开
16	通风道		
17	新建的墙和窗		本图以小型砌块为图例,绘图时应按所用材料的图例线,不易以图例绘制的,可在墙面上以文字或代号注明 小比例绘图时,平、剖面窗线可用单粗线实线表示
18	改建时保留的原有墙和窗		—
19	应拆除的墙		—
20	在原有墙或楼上新开的洞		—

续表

序号	名称	图例	说明
21	在原有洞旁扩大的洞		—
22	在原有墙或楼板上全部填塞的洞		—
23	在原有墙或楼板上局部填塞的洞		—
24	空门洞	$h=$	h 为门洞高度
25	单扇门(包括平开或单面弹簧)		门的名称代号用 M 图例中剖面图左为外,上为内 立面图上开启方向线交角的一侧为安装合页的一侧,实线为外开,虚线为内开 平面图上门线应90°或45°开启,开启弧线宜绘出

续表

序号	名称	图　例	说　明
26	双扇门（包括平开或单面弹簧）	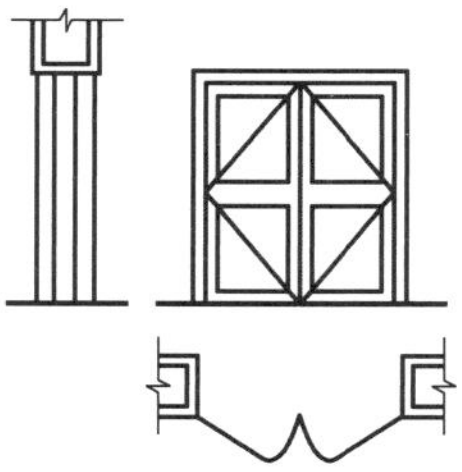	立面图上的开启线在一般设计图中可不表示,在详图及室内设计图上应表示 立面形式应按实际情况绘制
27	对开折叠门		
28	推拉门		
29	墙外单扇推拉门		门的名称代号用 M 图例中剖面图左为外,右为内;平面图下为外,上为内 立面形式应按实际情况绘制
30	墙外双扇推拉门		
31	墙中单扇推拉门		

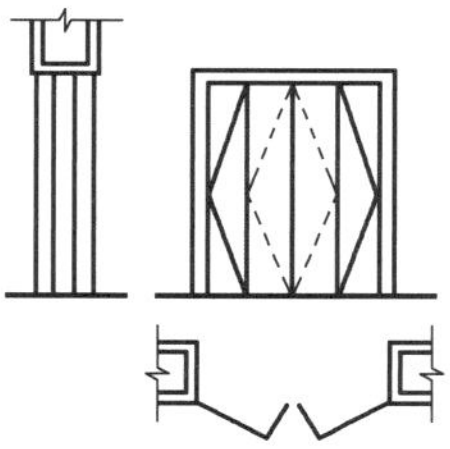

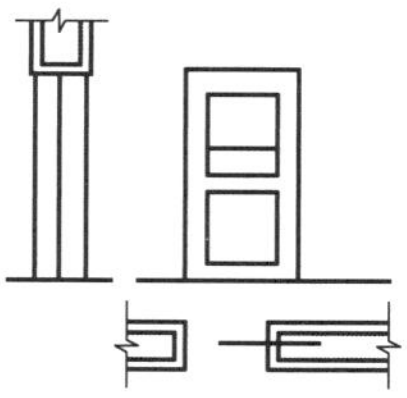

续表

序号	名称	图　例	说　明
32	墙中双扇推拉门		门的名称代号用 M 图例中剖面图左为外,右为内;平面图下为外,上为内 立面形式应按实际情况绘制
33	单扇双面弹簧门		
34	双扇双面弹簧门		门的名称代号用 M 图例中剖面图左为外,右为内;平面图下为外,上为内 立面图上开启方向线交角的一侧为安装合页的一侧,实线为外开,虚线为内开 平面图上门线应 90°或 45°开启,开启弧线宜绘出 立面图上的开启线在一般设计图中可不表示,在详图及室内设计图上应表示 立面形式应按实际情况绘制
35	单扇内外开双层门(包括平开或单面弹簧)		
36	双扇内外开双层门(包括平开或单面弹簧)		

续表

序号	名称	图 例	说 明
37	转门	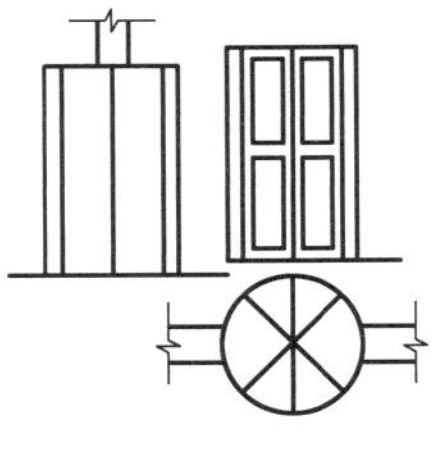	门的名称代号用 M 　图例中剖面图左为外,右为内;平面图下为外,上为内 　平面图上门线应 90° 或 45° 开启,开启弧线宜绘出 　立面图上的开启线在一般设计图中可不表示,在详图及室内设计图上应表示 　立面形式应按实际情况绘制
38	折叠上翻门	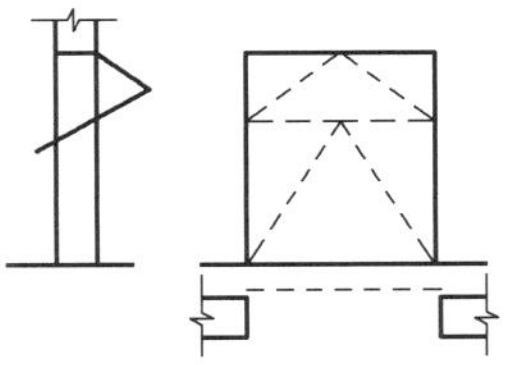	门的名称代号用 M 　图例中剖面图左为外,右为内;平面图下为外,上为内 　立面图上开启方向线交角的一侧为安装合页的一侧,实线为外开,虚线为内开 　立面图上的开启线设计图中应表示 　立面形式应按实际情况绘制
39	自动门	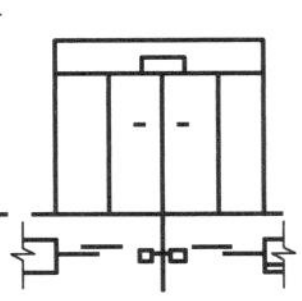	门的名称代号用 M 　图例中剖面图左为外,右为内;平面图下为外,上为内 　立面形式应按实际情况绘制
40	竖向卷帘门	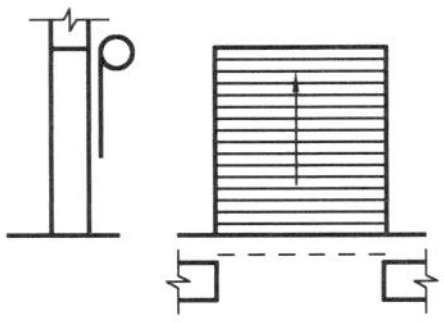	
41	横向卷帘门	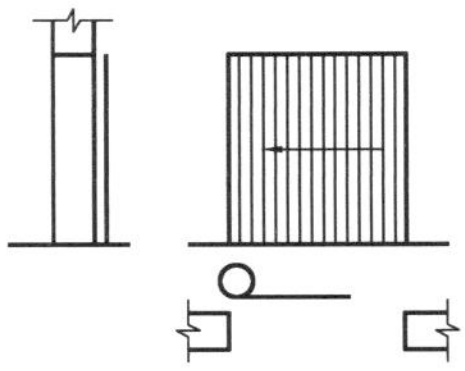	—
42	提升门	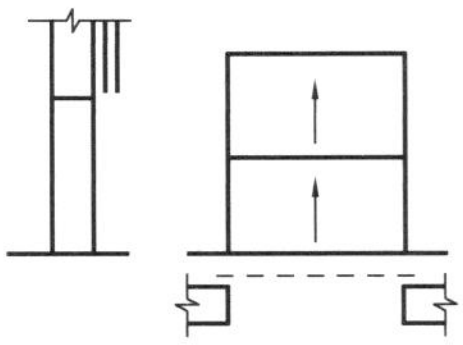	

续表

序号	名称	图 例	说 明
43	单层固定窗		窗的名称代号用 C 表示 图例中剖面图左为外,右为内;平面图下为外,上为内 窗的立面形式应按实际情况绘制 小比例绘图时,平、剖面窗线可用单粗实线表示
44	单层外开上悬窗		窗的名称代号用 C 表示 立面图中的斜线表示窗的开启方向,实线为外开,虚线为内开;开启方向线交角的一侧为安装合页的一侧,一般设计图中可不表示
45	单层中悬窗		
46	单层内开下悬窗		图例中,剖面图所示左为外,右为内;平面图所示下为外,上为内 平面图和剖面图上的虚线仅说明开关方式,在设计图中不需表示 窗的立面形式应按实际情况绘制 小比例绘图时,平、剖面窗线可用单粗实线表示
47	立转窗		
48	推拉窗		窗的名称代号用 C 表示 图例中剖面图左为外,右为内;平面图下为外,上为内 窗的立面形式应按实际情况绘制 小比例绘图时,平、剖面窗线可用单粗实线表示

续表

序号	名称	图　例	说　明
49	单层外开平开窗		
50	单层内开平开窗	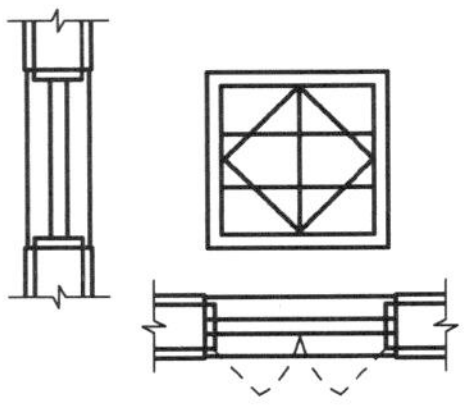	窗的名称代号用 C 表示 　立面图中的斜线表示窗的开启方向,实线为外开,虚线为内开;开启方向线交角的一侧为安装合页的一侧,一般设计图中可不表示 　图例中,剖面图所示左为外,右为内;平面图所示下为外,上为内 　平面图和剖面图上的虚线仅说明开关方式,在设计图中不需表示 　窗的立面形式应按实际情况绘制 　小比例绘图时,平、剖面窗线可用单粗实线表示
51	双层内外开平开窗		
52	百叶窗		
53	上推窗	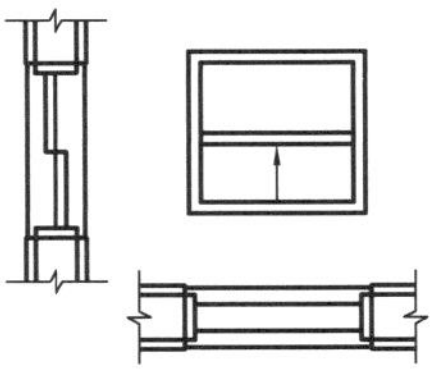	窗的名称代号用 C 表示 　图例中剖面图左为外,右为内;平面图下为外,上为内 　窗的立面形式应按实际情况绘制 　小比例绘图时,平、剖面窗线可用单粗实线表示

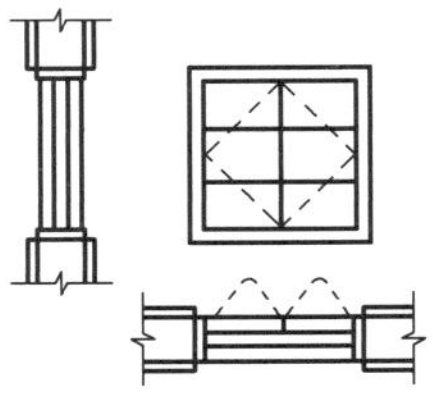

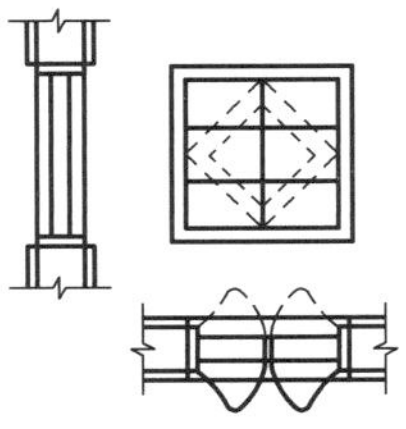

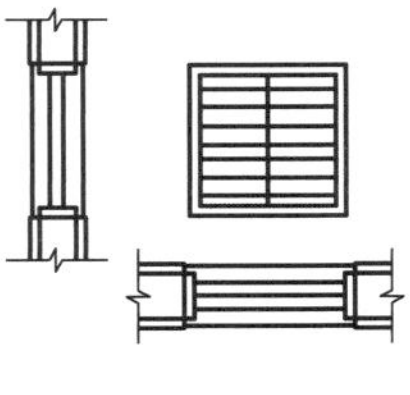

续表

序号	名称	图　例	说　明
54	高窗		窗的名称代号用 C 表示 立面图中的斜线表示窗的开启方向,实线为外开,虚线为内开;开启方向线交角的一侧为安装合页的一侧,一般设计图中可不表示 图例中,剖面图所示左为外,右为内;平面图所示下为外,上为内 平面图和剖面图上的虚线仅说明开关方式,在设计图中不需表示 窗的立面形式应按实际情况绘制 h 为窗底距本层楼地面的高度

表 1.5　常用水平及垂直运输装置图例

序号	名称	图　例	说　明
1	铁路		本图例适用于标准轨及窄轨铁路,使用本图例时应注明轨距
2	起重机轨道		—
3	电动葫芦		上图表示立面(或剖切面),下图表示平面 起重机的图例宜按比例绘制 有无操纵室,应按实际情况绘制 需要时,可注明起重机的名称、行驶的轴线范围及工作级别 本图例的符号说明: G_n—起重机的起重量,t S—起重机的跨度或臂长,m
4	梁式悬挂起重机		
5	梁式起重机		

续表

序号	名称	图 例	说 明
6	电梯	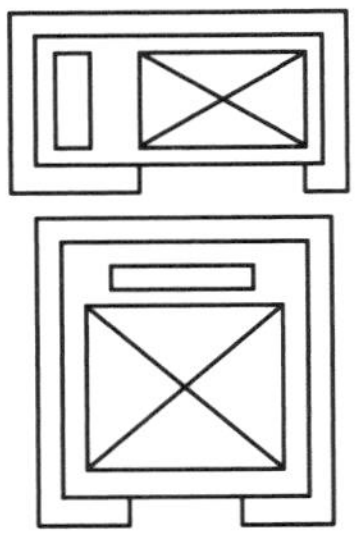	—
7	桥式起重机	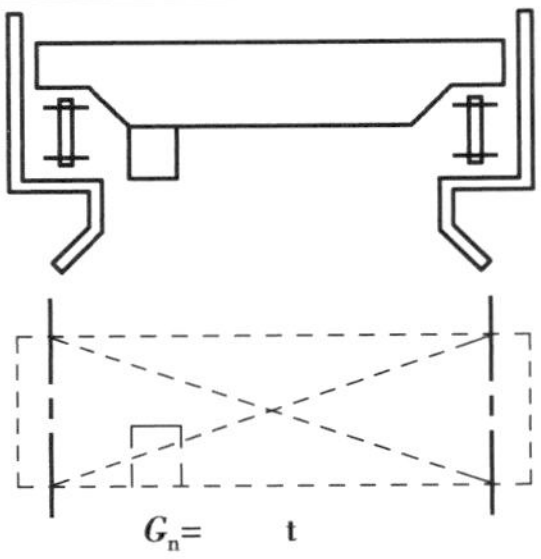 $G_n=$ t $S=$ m	
8	壁行起重机	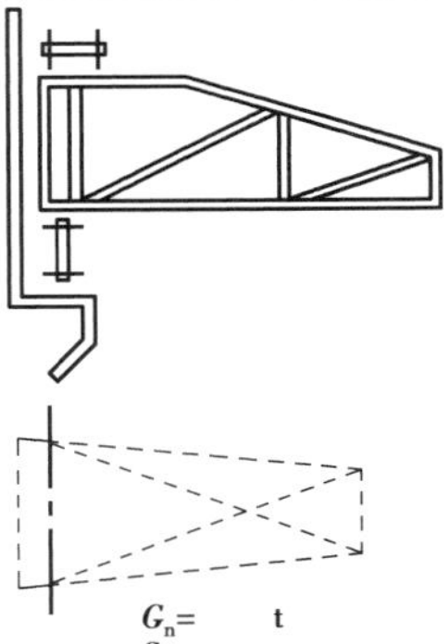 $G_n=$ t $S=$ m	上图表示立面(或剖切面),下图表示平面 起重机的图例宜按比例绘制 有无操纵室,应按实际情况绘制 需要时,可注明起重机的名称、行驶的轴线范围及工作级别 本图例的符号说明: G_n—起重机的起重量,t S—起重机的跨度或臂长,m
9	旋臂起重机	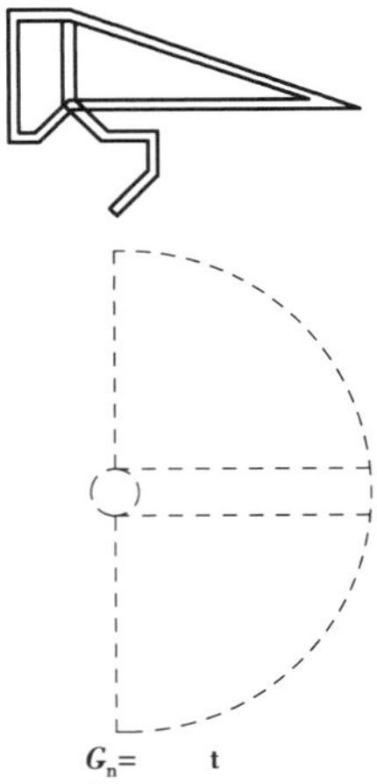 $G_n=$ t $S=$ m	

模块 2　绿色建筑基础知识

2.1　绿色建筑的基本知识

党的十九大报告指出,推进绿色发展,建立健全绿色低碳可持续发展的经济体系,构建市场导向的绿色技术创新体系,推进资源全面节约和循环利用,实施国家节水行动,降低能耗、物耗,实现生产系统和生活系统循环链接,倡导简约适度、绿色低碳的生活方式,开展创建节约型机关、绿色家庭、绿色学校、绿色社区及绿色出行等行动。

我国绿色建筑历经十余年的发展,已实现从无到有、从少到多,从个别城市到全国范围,从单体到城区、城市规模化发展,直至目前省会以上城市保障性安居工程已全面强制执行绿色建筑标准;绿色建筑实践工作稳步推进,绿色建筑发展效益明显,绿色建筑评价蓬勃开展。

2.1.1　绿色建筑的基本概念

建筑是传统高能耗行业,推进建筑节能,发展绿色建筑,促进建筑向高效绿色型转变,是顺应世界低碳经济发展趋势的必然选择。

绿色建筑是在全寿命期内,节约资源、保护环境、减少污染,为人们提供健康、适用、高效的使用空间,最大限度地实现人与自然和谐共生的高质量建筑。

2.1.2　绿色建筑的特点

绿色建筑安全、健康、舒适、高效、卫生,与自然和谐共处,可持续发展。其特点主要如下:

1)绿色建筑的全寿命周期性

建筑从最初的规划设计到随后的施工、运营及最终的拆除,形成一个全寿命周期。绿色建筑要求最低限度地影响环境,最大限度地节约资源。这些要求必须从规划、设计、施工及使用等方面综合考虑。在建筑规划、选址时,就要考虑减少资源的消耗、与周围环境的和谐性和对周围环境的保护。在施工过程中,通过科学、有效的管理和技术革新,最大限度地节约资源,并减少对环境的负面影响。在规划、设计和施工中,要考虑建筑物的使用,将建造成本与使用成本和维修成本综合考虑,体现绿色建筑的全寿命周期性。

2)绿色建筑的环保性

绿色建筑要求尽可能地节约资源、保护环境、循环利用、降低污染。在设计和建造绿色建筑时,使用清洁的可再生能源(如太阳能、风能、水能及地热等)和应用高科技无污染的施工技术,避免对自然环境的干扰。

3)绿色建筑的综合性

在绿色建筑的设计和施工中,应从场地质量、环境影响、能源消耗、水资源消耗、材料与资源及室内环境质量等方面着手,力求与周围环境和谐,尽量少地破坏,以及尽可能多地恢复原有自然状态,充分利用可再生能源,节约材料消耗。这就需要提高新材料研发、新技术应用、绿色施工方案评估、高效施工管理等综合能力。

4)绿色建筑的经济性

通过合理的设计和施工组织,可减少能源消耗,降低重复劳动,充分利用自然资源,降低全寿命周期成本,体现绿色建筑的经济性。

2.1.3　绿色建筑相关术语

1)绿色性能

绿色性能(green performance)是指涉及建筑安全耐久、健康舒适、生活便利、资源节约(节地、节能、节水、节材)及环境宜居等方面的综合性能。其评价指标共同构成绿色建筑的技术要求,评价指标的技术参数和技术措施能综合反映绿色建筑所达到的性能程度。

2)全装修

全装修(full decoration)是指住宅建筑在交付前,其内部墙面、顶面、地面全部铺贴、粉刷完成,门窗、固定家具、设备管线、开关插座、厨房与卫生间固定设施安装到位;公共建筑公共区域的固定面全部铺贴、粉刷完成,水、暖、电、通风等基本设备全部安装到位。

建筑全装修交付能有效杜绝擅自改变房屋结构等"乱装修"现象,保证建筑安全,避免能源和材料浪费,降低装修成本,节约项目时间,减少室内装修污染及装修带来的环境污染,避免装修扰民,更符合现阶段人们对健康、环保和经济性的要求。它一方面能确保建筑结构安全性,降低整体成本,节约项目时间;另一方面能大大减少污染,更符合人们对健康、环保和经济性的要求,对积极推进绿色建筑实施具有重要的作用。

3)城市热岛效应

城市热岛效应(urban heat island effect)是指城市中的气温明显高于外围郊区的现象。在近地面温度图上,郊区气温变化很小,而城区则是一个高温区,就像突出海面的岛屿,由于这种岛屿代表高温的城市区域,因此被形象地称为城市热岛。

城市热岛效应是城市热环境恶化的显著标志之一。热岛效应的产生会导致城市局部环境温度升高,降低人居环境的舒适性和健康性,人们不得不依赖人工条件来满足居住环境的舒适要求,使空调制冷能耗急剧上升,从而增加建筑能耗。通过提升建筑绿色性能,可有效地降低城市热岛效应,提高居住舒适健康性。

4)热岛强度

热岛强度(heat island intensity)是指城市内一个区域的气温与郊区气温的差别,用二者代表性测点气温的差值表示,是城市热岛效应的表征参数。

5)绿色建材

绿色建材(green building material)是指在全寿命期内可减少对资源的消耗、减小对生态环境的影响,具有节能、减排、安全、健康、便利及可循环特征的建材产品。绿色建材的选用原则符合资源节约、节能节水、质量安全、耐久性、经济性等多项政策要求,是绿色建筑的重要载体之一。

6)绿容率

绿容率(green capacity rate)是指场地内各类植被叶面积总量与场地面积的比值。叶面积是生态学中研究植物群落、结构和功能的关键性指标,它与植物生物量、固碳释氧、调节环境等功能关系密切,较高的绿容率往往代表较好的生态效益。目前,常见的绿地率是十分重要的场地生态评价指标,但由于乔灌草生态效益的不同,绿地率这样的面积型指标无法全面表征场地绿地的空间生态水平,同样的绿地率在不同的景观配置方案下代表的生态效益差异可能较大。因此,绿容率可作为绿地率的有效补充。为了合理地提高绿容率,可优先保留场地原生树种和植被,合理配置叶面积指数较高的树种,提倡立体绿化,加强绿化养护,提高植被健康水平。

绿容率可采用简化计算公式,即

$$绿容率 = \frac{\sum(乔木叶面积指数 \times 乔木投影面积 \times 乔木株数) + 灌木占地面积 \times 3 + 草地占地面积 \times 1}{场地面积}$$

绿容率是指为了应用于生态规划对总体规划、控制性规划、详细规划、绿地系统专项规划、城市设计、项目设计进行科学指导与控制而制订的绿化指标。其目的是提高单位面积上绿地的科学生物总量,进而约束绿地系统建设的投机行为,规范绿地系统建设的责任与义务,提高有限的绿地系统建设的品质与效率。

7)绿视率

绿视率(green looking rate)是指人的视野中绿色植物所占的比例。该指标通常用来量化城市绿道空间绿量可视性,即在空间水平上,以人的视角所能捕获的绿量为计量单位,通过探索基于绿视率的城市绿道空间绿量可视性计算方法,推动城市绿道的定量研究和规划设计水平。绿视率随着时间和空间的变化而变化,是人对环境感知的一个动态衡量因素。

8)建筑节能

建筑节能(building energy efficiency)具体是指在建筑物的规划、设计、新建(改建、扩建)、改造及使用过程中,执行节能标准,采用节能型的技术、工艺、设备、材料及产品,提高保温隔热性能和采暖供热、空调制冷制热系统效率,加强建筑物用能系统的运行管理,利用可再生能源,在保证室内热环境质量的前提下,增大室内外能量交换热阻,以减少供热系统、空调制冷制热、照明、热水供应因大量热消耗而产生的能耗。

9)可再生能源

可再生能源(renewable energy)是指从自然界获取的、可再生的非化石能源,包括风能、太阳能、水能、生物质能、地热能及海洋能等。

10)地源热泵

地源热泵(geothermal heat pumps)是指陆地浅层能源通过输入少量的高品位能源(如电能)实现由低品位热能向高品位热能转移的装置。通常地源热泵消耗 1 kW·h 的能量,用户可得到 4.4 kW·h 以上的热量或冷量。地源热泵供暖空调系统主要分为室外地源换热系统、地源热泵主机系统和室内末端系统 3 个部分,有水平式、垂直式、地表水式及地下水式 4 种系统类型。

11)建筑中水系统

中水因其水质介于给水(上水)和排水(下水)之间,故名中水。建筑中水系统(building reclaimed water system)是将建筑或小区内使用后的生活污水、废水经适当处理后回用于建筑或小区作为杂用水的供水系统。它适用于严重缺水的城市和淡水资源缺乏的地区。

12)可再利用材料

可再利用材料(reusable material)是指在不改变所回收物质形态的前提下进行材料的直接再利用,或经过再组合、再修复后再利用的材料。

13)可再循环材料

可再循环材料(recyclable material)是指已无法进行再利用的产品通过改变其物质形态,生产成为另一种材料,使其加入物质的多次循环利用过程中的材料。

14）新风系统

新风系统（fresh air system）是由风机、进风口、排风口及各种管道和接头组成的。安装在吊顶内的风机通过管道与一系列的排风口相连，风机启动，室内受污染的空气经排风口及风机排往室外，使室内形成负压，室外新鲜空气便经安装在窗框上方（窗框与墙体之间）的进风口进入室内，从而使室内人员呼吸到高品质的新鲜空气。

15）楼宇自控系统

楼宇自控系统（building automation system）是指将建筑物或建筑群内的变配电、照明、电梯、空调、供热、给排水、消防、保安等众多分散设备的运行、安全状况、能源使用状况及节能管理实行集中监视、管理和分散控制的建筑物管理与控制系统。

16）太阳能光伏发电系统

太阳能光伏发电系统（solar energy PV power generation system）是指利用电池组件将太阳能直接转变为电能的装置系统。在光照条件下，太阳电池组件产生一定的电动势，通过组件的串并联形成太阳能电池方阵，使方阵电压达到系统输入电压的要求。

17）建筑设计的被动式手段

建筑设计的被动式手段（passive means of architectural design）是指不采用特殊的机械设备，而是利用辐射、对流和传导使热能自然流经建筑物，并通过建筑物本身的性能控制热能流向，从而得到采暖或制冷的效果。

18）建筑全生命周期

建筑全生命周期（building lifecycle management）是指从建筑物的前期决策、勘察设计、施工、使用维修乃至拆除各个阶段的全循环过程。一般将全建筑生命周期划分为 4 个阶段，即规划阶段、设计阶段、施工阶段及运营阶段。

19）屋顶绿化

屋顶绿化（roof greening）是指在高出地面以上，周边不与自然土层相连接的各类建筑物、构筑物等的顶部以及天台、露台上的绿化。

20）垂直绿化

垂直绿化（vertical planting）是指利用植物材料沿建筑物立面或其他构筑物表面攀扶、固定、贴植、垂吊形成垂直面的绿化。垂直绿化占地少、投资小、绿化效益高是园林绿化一个重要组成部分,也是扩大绿化面积的途径之一。垂直绿化可减少墙面辐射热,增加空气湿度和滞尘,绿化环境,对建筑物密度大、空地少的地方尤为必要。

21)绿色校园

绿色校园(green campus)是指在其全寿命周期内最大限度地节约资源(节能、节水、节材、节地)、保护环境和减少污染,为师生提供健康、适用、高效的教学和生活环境,对学生具有环境教育功能,与自然环境和谐共生的校园。

22)温室效应

温室效应(greenhouse effect)是指大气污染物中日益增加的二氧化碳在空间吸收红外线,直接影响地球表面的热量向大气中扩散,致使地表和大气下层的温度增高的现象。

23)无障碍设计

无障碍设计(barrier-free design)的概念始见于1974年,是联合国组织提出的设计新主张。无障碍设计强调在科学技术高度发展的现代社会,一切有关人类衣食住行的公共空间环境以及各类建筑设施、设备的规划设计都必须充分考虑具有不同程度生理伤残缺陷者和正常活动能力衰退者(如残疾人、老年人)的使用需求,配备能应答、满足这些需求的服务功能与装置,营造一个充满爱与关怀、切实保障人类安全、方便、舒适的现代生活环境。

24)建筑信息模型

BIM(Building Information Modeling)技术是一种应用于工程设计、建造、管理的数据化工具,通过对建筑的数据化、信息化模型整合,在项目策划、运行和维护的全生命周期过程中进行共享和传递,使工程技术人员对各种建筑信息作出正确理解和高效应对,为设计团队以及包括建筑、运营单位在内的各方建设主体提供协同工作的基础,在提高生产效率、节约成本和缩短工期方面发挥重要作用。

BIM技术可帮助实现建筑信息的集成,从建筑的设计、施工、运行直至建筑全寿命周期的终结,各种信息始终整合于一个三维模型信息数据库中,设计团队、施工单位、设施运营部门和业主等各方人员可基于BIM进行协同工作,有效提高工作效率,节省资源,降低成本,以实现可持续发展。

25)绿色金融

绿色金融(green finance)是指为支持环境改善、应对气候变化和资源节约高效利用的经济活动,即对环保、节能、清洁能源、绿色交通及绿色建筑等领域的项目投融资、项目运营、风险管理等所提供的金融服务。绿色金融服务包括绿色信贷、绿色债券、绿色股票指数和相关产品、绿色发展基金、绿色保险及碳金融等。

26）健康住宅（health dwelling house）

根据世界卫生组织（WHO）的定义，所谓"健康"，是指在身体上、精神上、社会上完全处于良好的状态，而不是单纯指疾病或体弱。有关专家将健康住宅定义为：在符合住宅基本要求的基础上，突出健康要素，以人类居住健康的可持续发展的理念，满足居住者生理、心理和社会多层次的需求，为居住者营造健康、安全、舒适和环保的高品质住宅和社区。也就是说，健康住宅应能使居住者在身体上、精神上、社会上完全处于良好状态的住宅。

27）装配式建筑

由预制部品部件在工地装配而成的建筑，称为装配式建筑（prefabricated construction）。装配式建筑节能环保，符合绿色建筑的要求。其特点：一是设计标准化、管理信息化；二是采用建筑、装修一体化设计、施工；三是大量的建筑部品由车间生产加工完成，现场大量的装配作业，比原始现浇作业大大减少。按预制构件的形式和施工方法，装配式建筑可分为砌块建筑、板材建筑、盒式建筑、骨架板材建筑及升板升层建筑5种类型。

28）美国绿色建筑评估体系

美国绿色建筑评估体系（Leadership in Energy and Environmental Design，LEED）是国际认可的绿色建筑体系，由美国绿色建筑委员会（USGBC）开发，对多种类型建筑均适用，提供实用且可量化评估的绿色建筑解决方案。评估结果分为白金、金、银及认证级别。白金级反映建筑绿色水平最高。

2.1.4 绿色建筑重点应用技术

绿色建筑的全寿命周期贯穿建筑的设计、建造和运营三大阶段。三大阶段中的每个环节都有各种各样涉及节能、节地、节水及节材方面的技术应用。其中，节能与能源利用主要包括：建筑墙体、门窗、幕墙、屋面等围护结构节能技术；冷热电联产技术、空调蓄冷技术和建筑能源回收技术等建筑能源系统效率提升技术；太阳能光热利用、太阳能光伏发电、被动式太阳房、太阳能采暖、太阳能空调、地源热泵、污水源热泵等可再生能源建筑应用技术。节地与室外环境主要有建筑项目的合理选址，建筑节地工程技术的应用，以及对建筑室外温度、湿度、声、光、辐射、风等环境要素所构成的城市微气候及建筑能耗的模拟分析。节水与水资源利用主要有合理用水规划、分质供排水子系统、中水子系统，雨水子系统，绿化景观用水子系统，以及节水器具设施、绿色管材等节水技术。节材与材料资源利用主要通过绿色建筑材料的选用和合理使用，以减少建筑在建造与运营中的能耗，优化建筑室内外环境。应用最多的前6项绿色建筑应用技术见表2.1。

表 2.1　应用最多的前 6 项绿色建筑应用技术

序号	类别					
	节地与室外环境	节能与能源利用	节水与水资源利用	节材与材料资源利用	室内环境质量	运营管理
1	透水地面	保温材料加厚	节水器具	预拌混凝土/砂浆	隔声设计/预测	合理的智能化系统
2	地下空间开发	节能外窗	绿化喷灌、微灌	可再循环材料回收	CFD 模拟优化	分户计量
3	交通优化	能耗模拟优化	雨水收集回用	土建与装修一体化	采光模拟优化	HVAC、照明自动监控系统
4	屋顶/垂直绿化	高效光源	雨水分项计量	灵活隔断	无障碍设计	垃圾分类
5	噪声预测	太阳能热水设备	中水回用	高强度钢/混凝土	可调节外遮阳	生物垃圾处理
6	公共服务配套完善	照明智能控制	冷凝水收集回用	建筑结构体系	空气质量监控系统	定期检查/清洗空调

2.2　绿色建筑评价

绿色建筑评价是民用建筑绿色性能评价的简称。绿色建筑评价应遵循因地制宜的原则，结合建筑所在地区的气候、环境、资源、经济及文化等特点，对建筑全寿命期内的安全耐久、健康舒适、生活便利、资源节约、环境宜居、管理与创新等方面进行综合评价。

我国不同地区的气候、地理环境、自然资源、经济发展与社会习俗等都存在较大的差异，评价绿色建筑时，应注重地域性，因地制宜，实事求是，充分考虑建筑所在地域的气候、资源、自然环境、经济及文化等特点。

2.2.1　绿色建筑评价标准的基本规定

绿色建筑评价应在建筑工程竣工后进行，并以单栋建筑或建筑群为评价对象，评价涉及系统性、整体性的指标，应基于建筑所属工程项目的总体进行评价。无论评价对象为单栋建筑或建筑群，计算系统性、整体性指标时，要基于该指标所覆盖的范围或区域进行总体评价，计算区域的边界应选取合理，口径一致，能够完整围合。常见的系统性、整体性指标主要有容积率、绿地率、人均公共绿地及年径流总量控制率等。

在建筑工程施工图设计完成后,可进行预评价,以指导建筑项目按照预期绿色建筑等级进行设计和建设。预评价查阅相关设计文件有图纸(总图、建筑鸟瞰图、单体效果图、人群视点透视图、平面图、立面图、剖面图、设计说明等)、节能计算书、建筑日照模拟计算报告、优化设计报告。评价主要查阅相关竣工图、节能计算书、建筑日照模拟计算报告、优化设计报告。

申请评价方应对参评建筑进行全寿命期技术和经济分析,选用适宜技术、设备和材料,对规划、设计、施工及运行阶段进行全过程控制,并应在评价时提交相应分析、测试报告和相关文件。申请绿色金融服务的建筑项目,应对节能措施、节水措施、建筑能耗及碳排放等进行计算和说明,并应形成专项报告。

评价机构应对申请评价方提交的分析、测试报告和相关文件进行审查,出具评价报告,确定等级。

2.2.2 绿色建筑评价与等级划分

1)绿色建筑等级划分

根据《绿色建筑评价标准》(GB/T 50378—2019)规定,绿色建筑划分为基本级、一星级、二星级及三星级 4 个等级。

2)绿色建筑评价体系

绿色建筑评价指标体系由安全耐久、健康舒适、生活便利、资源节约(节地、节能、节水、节材)、环境宜居 5 类指标组成,且每类指标均包括控制项和评分项。评价指标体系还统一设置提高与创新加分项。

控制项的评定结果为达标或不达标;评分项和加分项的评定结果为分值。

基本级、一星级、二星级、三星级 4 个等级的绿色建筑均应满足《绿色建筑评价标准》(GB/T 50378—2019)所有控制项的要求,每类评价指标规定了最低得分要求,以实现绿色建筑的性能均衡。控制项是绿色建筑的必要条件,当建筑项目满足本标准全部控制项的要求时,绿色建筑的等级即达到基本级。

绿色建筑星级等级应按下列规定确定:

①一星级、二星级、三星级 3 个等级的绿色建筑均应满足全部控制项的要求,且每类指标的评分项得分应不小于其评分项满分值的30%。

②一星级、二星级、三星级 3 个等级的绿色建筑均应进行全装修,全装修工程质量、选用材料及产品质量应符合国家现行有关标准的规定。

③当总得分分别达到 60 分、70 分、85 分且应满足表 2.2 的其他技术要求时,绿色建筑等级分别为一星级、二星级、三星级。

表 2.2 绿色建筑星级等级技术要求

项目		基本级	一星级	二星级	三星级
控制项要求		满足	满足	满足	满足
评分项要求		—	不小于每类指标评分项满分值的30%	不小于每类指标评分项满分值的30%	不小于每类指标评分项满分值的30%
全装修		—	是	是	是
总得分		—	60	70	85
其他技术要求	围护结构热工性能的提高比例,或建筑供暖空调负荷降低比例	—	围护结构提高5%,或负荷降低10%	围护结构提高10%,或负荷降低10%	围护结构提高20%,或负荷降低15%
	严寒和寒冷地区住宅建筑外窗传热系数降低比例	—	5%	10%	20%
	节水器具用水效率等级	—	3级	2级	2级
	住宅建筑隔声性能	—	—	室外与卧室之间、分户墙(楼板)两侧卧室之间的空气声隔声性能以及卧室楼板的撞击声隔声性能达到低限标准限值和高要求标准限值的平均值	室外与卧室之间、分户墙(楼板)两侧卧室之间的空气声隔声性能以及卧室楼板的撞击声隔声性能达到高要求标准限值
	室内主要空气污染物浓度降低比例	—	10%	20%	20%
	外窗气密性能	—	符合国家现行相关节能设计标准的规定,且外窗洞口与外窗本体的结合部位应严密		

注:1. 围护结构热工性能的提高基准、严寒和寒冷地区住宅建筑外窗传热系数降低基准均为国家现行相关建筑节能设计标准的要求。

2. 住宅建筑隔声性能对应的标准为现行国家标准《民用建筑隔声设计规范》(GB 50118—2010)。

3. 室内主要空气污染物包括氨、甲醛、苯、总挥发性有机物、氡、可吸入颗粒物等,其浓度降低基准为现行国家标准《室内空气质量标准》(GB/T 18883—2002)的有关要求。

3)绿色建筑评价分值

在绿色建筑评价指标体系中,安全耐久、健康舒适、生活便利、资源节约、环境宜居5类指标的评分项总分值应符合表2.3的规定,5类指标合计总分值为600分。

表 2.3 绿色建筑评价分值

项 目	控制项基本分值	评价指标评分项满分值					提高与创新加分项满分值
		安全耐久	健康舒适	生活便利	资源节约	环境宜居	
预评价分值	400	100	100	70	200	100	100
评价分值	400	100	100	100	200	100	100

绿色建筑评价的总得分应计算为

$$Q = \frac{(Q_0 + Q_1 + Q_2 + Q_3 + Q_4 + Q_5 + Q_A)}{10}$$

式中　Q——总得分；

Q_0——控制项基础分值，当满足所有控制项的要求时，取 400 分；

$Q_1, \cdots, Q_5$——评价指标体系 5 类指标，分别为安全耐久、健康舒适、生活便利、资源节约、环境宜居评分项得分；

Q_A——加分项得分。

绿色建筑各类评价指标评分项分值见表 2.4。

表 2.4 绿色建筑各类评价指标评分项分值

性能指标	评分项	分值	合计
安全耐久	安全性	53	100
	耐久性	47	
健康舒适	室内空气品质	20	100
	水质	25	
	声环境与光环境	30	
	室内热湿环境	25	
生活便利	出行与无障碍	16	100
	服务设施	25	
	智慧运行	29	
	物业管理	30	
资源节约	节地与土地利用	40	200
	节能与能源利用	60	
	节水与水资源利用	50	
	节材与绿色建材	50	
环境宜居	场地生态与景观	60	100
	室外物理环境	40	
合　计			600
性能指标	加分项	分值	合计
提高与创新	提高与创新		100
总　计			700

4）参照标准

绿色建筑的评价除应符合《绿色建筑评价标准》（GB/T 50378—2019）的规定外，还应符合国家现行有关标准的规定。例如，《城市居住区规划设计标准》（GB 50180—2018）、《民用建筑设计统一标准》（GB 50352—2019）、《建筑结构可靠性设计统一标准》（GB 50068—2018）、《混凝土结构设计规范》（GB 50010—2010）、《钢结构设计标准》（GB 50017—2017）、《建筑设计防火规范》（GB 50016—2014）、《建筑抗震设计规范》（GB 50011—2010）、《建筑物防雷设计规范》（GB 50057—2010）、《民用建筑供暖通风与空气调节设计规范》（GB 50736—2012）、《民用建筑热工设计规范》（GB 50176—2016）、《建筑给水排水设计标准》（GB 50015—2019）、《民用建筑电气设计标准》（GB51348—2019）等。

2.2.3　绿色建筑等级划分

目前，多数国家和地区的绿色建筑评价标准按 4 个等级划分，也有按 5 个等级甚至 6 个等级划分的。例如，美国 LEED 分为认证级、银级、金级、白金级 4 级；德国 DGNB 分为认证级、银级、金级、白金级 4 级；新加坡 Green Mark 分为认证级、金级、超金级、白金级 4 级；英国 BREEAM 分为通过（Pass）、良好（Good）、非常好（Very Good）、优秀（Excellent）、杰出（Outstanding）5 级；澳大利亚 Green Star 分为 1—6 星，共 6 级（实际使用中，主要是 3—6 星 4 个等级，其中，2 星是平均实践，3 星是好的实践，4 星是更好实践，5 星是澳大利亚领先，6 星是世界领先）。又如，中国香港 HKBEAM 分为铜级、银级、金级、白金级 4 级。

模块 3 绿色建筑施工图识读基础知识

3.1 识读总平面图

3.1.1 总平面图的形成与作用

建筑总平面图是假设在建设区的上空向下投影所得的水平投影图。将新建建筑物四周一定范围内的原有和拆除的建筑物、构筑物连同其周围的地形地物状况,用水平投影方法和相应的图例所画出的图纸,称为建筑总平面图(或称总平面布置图),简称总平面图或总图。总平面图表示新建房屋的平面形状、位置、朝向以及与周围地形和地物的关系等。总平面图是新建房屋定位、施工放线、土方施工以及有关专业管线布置和施工总平面布置的依据。

3.1.2 总平面图的图示特点

①总平面图因包括的地方范围较大,故绘制时都用较小的比例,如 1:2 000,1:1 000,1:500 等。

②总平面图上标注的尺寸,一律以米(m)为单位,并且标注到小数点后两位。

③由于比例较小,总平面图上的内容一般按图例绘制,因此,总图中使用的图例符号较多。常用图例符号见表 1.2、表 1.3。在较复杂的总平面图中,若用到一些国家标准没有规定的图例,必须在图中另加说明。

3.1.3 总平面图的图示内容

①图名、比例。图名为"建筑总平面图",比例如 1:500,1:1 000 或用比例尺表示。

②地形。新建建筑物所处的现状地形。

③新建筑物。拟建房屋,用粗实线框表示,并在线框内,用数字表示建筑层数。

④新建建筑物的定位。总平面图的主要任务是确定新建建筑物的位置,通常是利用原有建筑物、道路等通过定位尺寸或坐标确定。

⑤新建建筑物的室内外标高。我国把青岛市外的黄海海平面作为零点所测定的高度尺寸,称为绝对标高。在总平面图中,用绝对标高表示高度数值,以米(m)为单位。

⑥相邻有关建筑、拆除建筑的位置或范围。原有建筑用细实线框表示,并在线框内用数字表示建筑层数。拟建建筑物用虚线表示。拆除建筑物用细实线表示,并在细实线上打"×"。

⑦附近的地形地物,如等高线、道路、水沟、河流、池塘及土坡等用细实线绘制。

⑧道路、围墙的可见轮廓线、绿化、指北针或风向频率玫瑰图、尺寸线、管道布置等用细实线绘制。

⑨指北针和风向频率玫瑰图。在总平面图中,应画出的指北针或风向频率玫瑰图来表示建筑物的朝向。

⑩道路(或铁路)和明沟等的起点、变坡点、转折点、终点的标高与坡向箭头。

以上内容并不是在所有总平面图上都是必须有的,可根据具体情况加以选择。

3.1.4 总平面图的识读方法与步骤

在阅读总平面图时,应阅读标题栏,了解新建建筑工程的名称,熟悉图例、比例;阅读其文字说明,看指北针和风向频率玫瑰图,了解新建建筑的地理位置、朝向、常年风向及总体布置;了解新建建筑物的形状、层数、室内外标高及其定位,以及地形、地貌、道路、绿化和原有建筑物等周边环境;了解地上构筑物、地下各种管网布置走向,以及水、暖、电等管线在新建房屋的引入方向;明确新建房屋的相对位置和绝对标高。

具体识读步骤如下:

①看图名、比例、图例及有关文字说明。

②了解工程的用地范围、地形、地貌及周围环境情况。

③了解拟建房屋的平面位置和定位依据。

④了解拟建房屋的朝向和主要风向。

⑤了解道路交通情况,了解建筑物周围的给水、排水、供暖及供电的位置。

⑥了解绿化、美化的要求和布置情况。

3.1.5 某楼总平面图识读

下面以某校行政楼总平面图为例,说明建筑总平面图的识读方法,如图 3.1 所示。

1)地形识读

地形图是各项工程规划、设计和施工的重要地形资料,尤其是在规划设计阶段,不仅要以地形图为底图进行总平面的布置,而且还要根据需要在地形图上进行一定的量算工作,以便因地制宜地进行合理的规划和设计。为了能正确地应用地形图,首先要能看懂地形图,即能以现行规定的地形图图示符号观察、理解和识别地形图中所包含的图外注记、地物与地貌等内容的地理信息。

从现状地形可见,本地形由原有建筑物、原有道路、标高、填挖边坡、管线、水塘及农作物等地形要素构成,如图 3.2 所示。

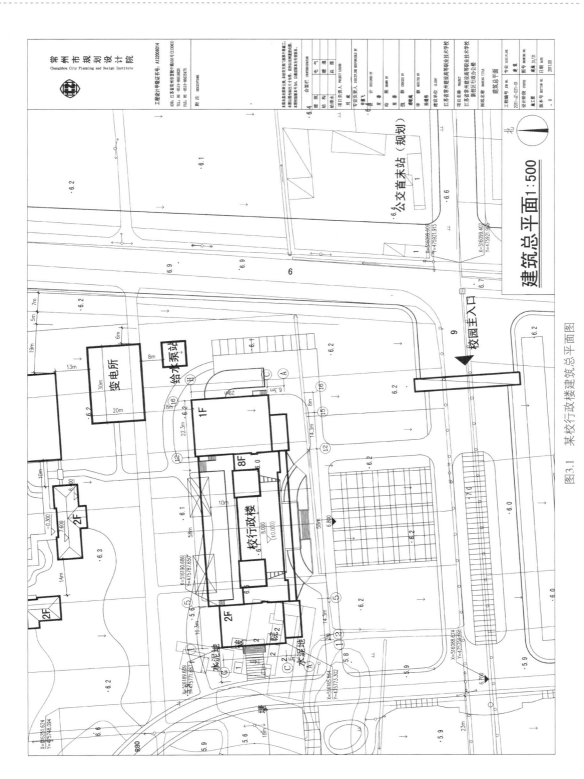

图3.1 某校行政楼建筑总平面图

图3.2 城建校地形图

本地形地势平坦,用标高表示地形的高低起伏。由图3.2可知,地形标高在6.0 m左右,最低标高在西部水塘周边,为5.6 m,最高处标高在学院入口主干道上,为7.0 m。

2)行政楼的定位

通常新建建筑的定位有以下3种方式:

①利用新建筑与原有建筑或道路中心线的距离确定新建筑的位置。

②利用施工坐标确定新建建筑的位置。

③利用大地测量坐标确定新建建筑的位置。

该楼定位采用的是第①种方法与第③种方法,如图3.3所示。

行政楼西侧学生服务中心西外墙与主要道路红线的距离为14 m,行政楼东侧大会议室北外墙与变电所南外墙的距离为18 m。西侧2层建筑3个外墙角点以大地测量坐标表示行政楼建筑位置。

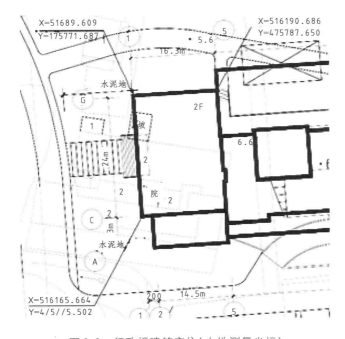

图3.3　行政楼建筑定位(大地测量坐标)

3)行政楼、原有建筑物的位置与形状识读

总平面图上的建筑物通常有5种情况:新建建筑物、原有建筑物、计划扩建的预留地或建筑物、拆除的建筑物及新建的地下建筑物或构筑物。在阅读总平面图时,要区分哪些是新建建筑物,哪些是原有建筑物。在设计中,按制图规范要求,通常将新建建筑用粗实线表示,原有建筑用细实线表示,计划预留地用中虚线表示,拆除建筑用细实线加"×"号表示。为了清楚表示建筑物的总体情况,一般还在总平面图中建筑物的右上角以点数或数字表示楼房

层数。

由图 3.3 可知，原有建筑主要有西侧与东南侧两处，在西部水塘东侧的原有建筑是 2 层民房，并联式布置，房屋南场地为水泥地，东南部是一处带院的 1 层临时建筑。新建建筑有行政楼、变电所、给水泵站及北侧 2 层建筑，主要建筑行政楼位于地形中部，原西部民房东侧，形体为矩形，主体建筑 8 层，两侧设有辅楼，西侧辅楼为 2 层，东侧辅楼为 1 层。

4）道路交通组织识读

该校主入口设于东侧主要道路学府大道，入口主干道宽 33 m，中间设 16 m 宽绿化景观带，两侧分设 1.5 m 宽人行道与 7 m 宽车行道。行政楼建筑主入口为南入口，建筑与学校入口主干道间设有广场，通过宽 6 m 的场院道路与学校主干道相接，设南、西两个出入口，行政楼东侧设有地面停车场。行政楼主入口处设有台阶与坡道供人行出入与车辆通达。

5）风向与建筑朝向识读

该校位于江苏省常州市，该地区建筑适宜朝向为南偏西 15°至南偏东 30°，最佳朝向为南偏东 22.5°。由风向频率玫瑰图可知，该地区常年主导风向为东南风；通过指北针或风玫瑰图，可确定行政楼建筑朝向为南偏东 5°左右，属适宜朝向。

3.2 识读平面图

3.2.1 平面图的形成与作用

用一个假想的水平剖切平面沿略高于窗台的位置剖切房屋后，移去上面的部分，对剩下部分向 H 面作正投影，所得的水平剖面图，称为建筑平面图，简称平面图。

建筑平面图是建筑施工图的基本样图，包括底层平面图、楼层平面图和屋顶平面图。它反映房屋的平面形状、大小和布置，墙、柱的位置、尺寸和材料，以及门窗的类型和位置等。

建筑平面图是新建建筑物的施工及施工现场布置的重要依据，可作为施工放线、门窗安装、预留孔洞、预埋构件、室内装修、编制预算及施工备料等的重要依据，也是设计及规划给排水、强弱电、暖通设备等专业工程平面图和绘制管线综合图的依据。

3.2.2 平面图的图示特点

①建筑平面图常用的比例是 1∶50,1∶100,1∶200 等。其中，1∶100 使用最多。

②平面图上标注的尺寸一律以毫米（mm）为单位。

③一般房屋有几层，就应有几个平面图。当房屋除了首层之外其余均为相同的标准层时，一般房屋只需画出首层平面图、标准层平面图和顶层平面图。

④首层平面图应画雨水管、暖气管沟和检查孔的位置,并标注有指北针。

3.2.3　平面图的图示内容

1）图名、比例

图名为"首层平面图""××层平面图""标准层平面图""顶层平面图""屋顶平面图",比例如1:100,1:200,1:50等。

2）平面图中的图线

①粗实线:凡是被水平剖切平面剖切到的墙、柱的断面轮廓线。
②中实线:被剖切到的次要部分的轮廓线和可见的构配件轮廓线,如墙身、窗台等。
③中虚线:被剖切到的高窗、墙洞等。
④细实线:尺寸标注线、引出线等。
⑤细点画线:定位轴线和中心线。

3）图例

在平面图中,门窗、卫生设施及建筑材料均应按规定的图例绘制。常用图例符号见表1.5。

4）尺寸标注

（1）外部尺寸
外部尺寸有:总长、总宽;轴间距;门窗大小及位置。
（2）内部尺寸
内部尺寸是指内部门窗大小及位置、墙体厚度、室内地面标高等。
在平面图上,除注出各部长度和宽度方向的尺寸之外,还要注出楼地面等的相对标高,以表明各房间的楼地面对标高零点的相对高度。

5）建筑物的平面形状、内部布置

内部房间的布置(应有房间名称或编号),以及走道、楼梯的位置等。

6）门窗

标明门窗编号和门的开启方向。

7）剖切位置线与索引符号

标明剖面图、详图和标准配件的位置及索引符号;在首层平面图上,应标明剖面图剖切位置、剖视方向和剖面图的编号。

8）文字说明

表达图中表示不全的内容，如砖、砂浆和混凝土的强度等级以及施工的要求等。

9）其他工种对土建专业的要求

如水、暖、电、产品工艺等对设备基础、坑、台、池、消火栓、配电箱，以及墙上、楼板上预留孔的位置和尺寸。

3.2.4 平面图的识读方法与步骤

在阅读建筑平面图时，宜按先大后小、先粗后细、先主体后装修的步骤阅读。首先阅读标题栏，了解平面图的图名、图例、比例；其次阅读各层平面图，原则上从最下层平面图开始阅读，逐层读到顶层平面图；再次识读各层平面图，先从轴线间距开始，阅读建筑的开间、进深尺寸，再看墙、柱尺寸、门窗尺寸及其位置；最后将各层综合起来阅读，树立建筑物的整体概念，并为进一步阅读建筑立面图、剖面图、详图，以及结构、设备等专业施工图打下基础。

具体识读步骤如下：
①了解平面图的图名、比例和文字说明、建筑的朝向。
②了解纵横定位轴线及编号，识读建筑主体空间的开间、进深尺寸。
③识读柱、梁及墙体的尺寸及位置，了解建筑的结构形式。
④了解建筑的平面布置、空间功能性质及交通联系。
⑤识读建筑平面图上的尺寸、平面形状和总尺寸。
⑥识读建筑细部尺寸，了解门窗位置、编号、数量及型号。
⑦了解建筑中各组成部分的标高情况。
⑧识读建筑剖面图的剖切位置、索引标志。
⑨了解各专业设备的布置情况。
⑩综合阅读各层平面图。

3.2.5 某绿色建筑平面图识读

下面以某校三星级绿色建筑（2012年获三星级绿色建筑设计标识）总平面图为例（见附图1），说明建筑平面图的识读方法。

1）地下一层平面图识读

（1）了解平面图的图名、比例

由附图3可知，该图为地下一层平面图，比例1:150。

（2）了解建筑空间功能性质及形状

地下一层空间主要功能是停车。空间有变电房、风机房、消防泵房、消防水池、楼梯间、电梯间、车库，空间形状均为长方形。

（3）识读开间、进深、标高尺寸及各空间面积

水平方向定位轴线①—⑯，轴线间距 8 000、8 400 mm，总尺寸 96 600 mm；垂直方向定位轴线Ⓐ—Ⓗ，轴线间距 8 000、5 000、6 300 mm，总尺寸 35 300 mm。其中，定位轴线④与定位轴线⑤、定位轴线⑫与定位轴线⑬的间距为 300 mm，该两处设有施工缝，主要作用是防止伸缩与不均匀沉降。

西侧变电房开间 8 000 mm，进深 16 000 mm，面积 128 m²，地面标高为 −4.700 m；风机房开间 3 650 mm，进深 8 000 mm，面积 29.2 m²；消防泵房开间 6 000 mm，进深 11 800 mm，面积 52.3 m²，地面标高为 −3.900 m；消防水池开间 8 000 mm，进深 11 800 mm，面积 94.4 m²，地面标高为 −4.700 m。

（4）识读墙、柱尺寸及其位置

该楼地下一室外墙厚 300 mm，外偏 200 mm，中部车库柱距 8 400 mm×8 000 mm，两侧柱距 8 000 mm×8 000 mm，局部柱距 6 000 mm×8 000 mm。

（5）识读门窗尺寸及规格

附图 3 中，FM 甲表示甲级防火门，FM 乙表示乙级防火门。FM 甲 1828 即表示甲级防火门门洞宽 1 800 mm，高 2 800 mm；GC0806 表示断热铝合金百叶窗宽 800 mm，高 600 mm；BYC3206 表示断热铝合金通风百叶窗宽 3 200 mm，高 600 mm。

（6）了解垂直交通设施

楼梯间有 3 个，均为双跑楼梯。西侧楼梯开间 3 500 mm，中间楼梯开间 2 800 mm，东侧楼梯开间 3 200 mm；电梯间有两个，2 400 mm×2 400 mm，坑底标高为 −5.500 m，其中 DT1 电梯为普通客梯兼无障碍电梯。

（7）了解停车设施

地下一层空间主要功能作停车用，可容纳停放 92 辆Ⅲ类机动车；车库地面标高为 −3.900 m；沿南北墙设有地沟，面向地沟地面坡度为 1%，沟底坡度为 0.5%；有两个无障碍停车位，有 8 个标有 V 字母的微型车位。

地下车库车行出入口设在东侧，宽 7 200 mm，起点处地面标高为 −1.200 m，前段 4 000 mm 引道坡度为 5%，其余坡度为 10%，引道转弯处内径 3 400 mm，外径 9 300 mm。

（8）了解绿色建筑技术应用

该楼地下室采用光导照明，在地面一层结合景观设计布置有 6 套光导照明系统，光导管直径 530 mm，导光管采光区域约为 368 m²，采光区域比例达到地下一层建筑面积的 11.6%。图中的符号"○"，即地面光导管。

2）一层平面图识读

（1）了解平面图的图名、比例和建筑的朝向

由附图 4 可知，该图为一层平面图，比例 1∶150。由指北针得知，该楼基本属坐北朝南的方向。

（2）了解建筑空间功能性质及形状

该楼一层平面空间主要有门厅、学生服务中心、大会议室、休息接待室、消控室、电话总机房、空调机房、茶水服务间、开水间、卫生间、电梯间及楼梯间，空间形状均为长方形。

（3）识读开间、进深、标高尺寸及各空间面积

大厅为 7 柱 6 开间，呈倒 T 形，面积 625 m²，地面标高为 ±0.000；西侧学生服务中心总开间为 30 300 mm，总进深为 16 000 mm，面积 440 m²，地面标高为 ±0.000；东侧大会议室总开间为 22 000 mm，总进深为 29 000 mm，面积 638 m²，地面标高前两排至前台处为 ±0.000，3—5排依次增加每台阶高 100 mm，6 排以后依次增加每台阶高 120 mm，尾排地面标高为 +1.500 m，排间距 1 400 mm，中间走道宽 998.2 mm，两侧走道宽 800 mm（以柱外边缘计），该会议室能容纳 400 人。

（4）识读墙、柱尺寸及其位置

墙厚 200 mm，柱距有 8 400，8 000，6 000 mm。

（5）了解门窗的位置及编号

为了便于读图，在建筑平面图中，门采用代号 M 表示，窗采用代号 C 表示，并加编号以便区分。图中，MQ 表示玻璃幕墙，MLC、ZJC 表示断热铝合金低辐射安全玻璃组合门连窗。

（6）了解出入口交通

该楼有南、西、东北 3 个出入口。其中，南入口为主要出入口，呈轴对称布置，东西两侧设有 1∶10 的车行坡道，车道宽 4 700 mm，东侧坡道另设有 1∶12 残疾人专用坡道，宽 1 200 mm；中间设有 9 个 100 mm 高花岗岩台阶，踏面宽 350 mm；踏步东西两侧设有对称的绿化；门厅入口处地面标高为 −0.015 m，室外地坪标高为 −1.200 m。

（7）了解建筑剖面图的剖切位置、索引标志

在底层平面图中的适当位置画有建筑剖面图的剖切位置和编号，以便明确剖面图的剖切位置、剖切方法和剖视方向。例如，③、④轴线间的 1—1 剖切符号，⑧、⑨轴线间的 2—2 剖切符号，⑩、⑪轴线间的 3—3 剖切符号，⑬、⑭轴线间的 4—4 剖切符号，表示建筑剖面图的剖切位置，剖面图类型 1—1 为阶梯剖面图，其余为全剖面图，剖视方向向左。图中还标注出索引符号，注明该部位所采用的标准图集的代号、页码和图号，以便施工人员查阅标准图集，方便施工，如图 3.4 所示。

（8）了解各专业设备的布置情况

该楼卫生间位于门厅西北侧，有卫生间的便池、盥洗池位置等。读图时，注意其位置、形

图 3.4　详图索引符号

式及相应尺寸,并可结合卫生间大样图识读。

3)其他楼层平面图识读

其他楼层平面图(见附图 5—附图 10)与一层平面图的识读方法相同。识读时,可逐层识读,并相互对照异同点。

通过该楼二层至八层平面图的识读,7 个楼层的空间主要有办公室、会议室、接待室、档案室、陈列室。其中,二层平面呈 U 形布置,U 形半围合空间是一层门厅上空垂直开敞空间,周边设有宽 2 400 mm 的走道,走道水平防护栏板高 1 100 mm,二层楼面标高为 +4.000 m;二层校史陈列厅与大会议室(一层中二层中空)南侧各设面宽 14 000 mm,进深 6 300 mm,面积为 88.2 m² 的屋顶花园,屋顶坡度 2%,西侧屋顶结构层标高为 +3.950 m,东侧屋顶结构层标高为 +4.350 m,东侧屋顶有一结构反梁,梁顶标高为 +4.750 m。三层楼面标高为 +8.000 m,西侧校史陈列厅屋顶结构层标高为 +7.950 m,该屋顶为上人屋顶,设屋顶绿化,周边护栏高 1 100 mm,屋顶坡度 2%,四周设有宽 400 mm 的天沟,沟底纵坡 1%,每间隔 750 mm 中距设一排水孔,属有组织排水屋面。

三层至八层平面为内走廊布局,走廊净宽 2 200 mm,主要办公空间沿走道南北对向布置,有良好的采光通风条件;卫生间、储藏室、开水间、设备间、电梯间及楼梯间等辅助与交通空间均布置在北侧;二层至八层所有外墙厚 300 mm,内墙厚 200 mm。

4)屋顶平面图识读

为了表明屋面构造及排水情况,一般还要画出住宅的屋顶平面图。屋顶平面图主要表明屋面坡向、坡度、天沟、分水线、雨水管及烟道出口的位置等。由于屋顶平面图较简单,因此,常用小比例尺绘制。

由附图 12 可知,该楼屋顶东西两侧是平屋顶,中间为坡屋顶。两端平屋顶 W3 为种植屋面,屋面结构层标高 +30.450 m,储藏室、顶层楼梯间及电梯机房、太阳能控制室上部屋顶 W2 为平屋顶,屋面结构层标高分别为 +33.750 m,+34.550 m,屋面坡度 2%,周边女儿墙顶面标高 +36.00 m,西侧平屋顶设有 18 t 消防水箱。中部坡屋顶 W1 屋脊标高为 +34.650 m,屋面坡度 1:2,屋脊线以南中部 4 柱 3 开间 6 800 mm 进深范围为太阳能光电板及其支架,其余部分为屋面瓦。坡屋面距北檐口线 800 mm,南檐口线 1 000 mm 处设有宽 400 mm 的檐沟,沟底纵坡 8‰,采用有组织内排水方式。南向坡屋面两侧出挑屋面装饰构架由钢结构厂家进行二次设计。

5）该楼建筑平面布局被动设计技术应用

该楼建筑平面布局和外窗布置较为合理，外窗玻璃采用低辐射 6 + 12A + 6 中空玻璃窗，可见光透过率达到 0.7。根据室内自然采光模拟分析可知，79.9% 的主要功能空间室内采光系数满足现行国家标准《建筑采光设计标准》（GB 50033—2013）的要求。

该楼夏季迎风面和背风面压差为 4 ~ 10 Pa，局部区域达到 12 Pa，具备形成良好室内自然通风的前提条件，可充分利用自然通风潜力，改善室内热舒适性；建筑平面合理布局，外门窗充分开启时行政楼各层功能房间空气龄均小于 600 s，即换气次数大于 6 次/h，室内自然通风效果良好。

6）该楼采用的绿色建筑相关技术基本知识

（1）光导管

光导管即光导照明系统，是通过采光装置聚集室外的自然光线，并将其导入系统内部，然后经过光导装置强化并高效传输后，由漫反射器将自然光均匀导入室内需要光线的任何地方。从黎明到黄昏，即便是雨天或阴天，该照明系统导入室内的光线仍然十分充足。采用光导管进行自然采光是现代绿色建筑的一种较普遍的理念，可广泛用于地下空间、走廊、办公室、厂房、车间及场馆等白天需要开灯的地方，如图 3.5 所示。

图 3.5　光导管解决大进深建筑内走廊及地下车库采光

地面光导管与屋顶光导管顶部装置如图 3.6 所示。

图 3.6　地面光导管与屋顶光导管顶部装置

光导管构造详图如图 3.7 所示。

与光导管装置相配套的还有采光装置和漫射装置。光导管作为日光照明系统的重要组成部分，其反射率的高低以及光导管直径的大小直接关系整个日光照明系统的亮度。

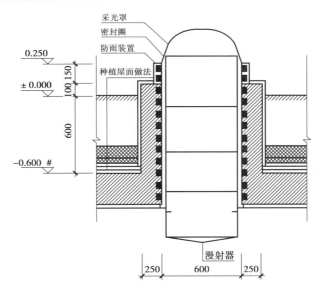

图 3.7 光导管构造详图

一般光导管的反射率能达到 95%，直径有 250,330,450,530,750 mm。反射率越高或直径越大的光导管,其产生的亮度越高。

（2）太阳能光伏发电系统

白天,在光照条件下,太阳电池组件产生一定的电动势,通过组件的串并联形成太阳能电池方阵,使方阵电压达到系统输入电压的要求。再通过充放电控制器对蓄电池进行充电,将由光能转换而来的电能储存起来。晚上,蓄电池组为逆变器提供输入电,通过逆变器将直流电转换成交流电,输送到配电柜,由配电柜的切换作用进行供电。蓄电池组的放电情况由控制器进行控制,保证蓄电池的正常使用。光伏电站系统还应设有限荷保护和防雷装置,以保护系统设备的过负载运行,避免遭雷击,维护系统设备的安全使用。其转换过程为:太阳能→电能→化学能→电能→光能。

（3）建筑设计的被动式手段

建筑设计的被动式手段是指不采用特殊的机械设备,而是利用辐射、对流和传导使热能自然流经建筑物,并通过建筑物本身的性能控制热能流向,从而达到采暖或制冷的效果。

（4）无障碍设计

在建筑入口、入口门厅、公共走道、卫生间、候梯厅、电梯、大会议室及卫生间部位做无障碍设计,公共走道两侧设扶手和 350 mm 高护墙板,转弯处墙阳角做弧面。

凡无障碍者通过的门扇均安装视线观察玻璃、横执把手和关门拉手,门下部作 350 mm 高的防护板,门槛高度及门内外楼地面高差不大于 15 mm,并以小斜面过渡。

（5）屋顶绿化

在高出地面以上且周边不与自然土层相连的各类建筑物、构筑物等顶部以及天台、露台上的绿化,如图 3.8 所示。

图 3.8 屋顶花园

（6）垂直绿化

利用植物材料沿建筑物立面或其他构筑物表面攀扶、固定、贴植、垂吊形成垂直面的绿化。

垂直绿化占地少、投资小、绿化效益高，是园林绿化一个重要组成部分，也是扩大绿化面积的途径之一，如图 3.9 所示。垂直绿化可减少墙面辐射热，增加空气湿度和滞尘，绿化环境，对建筑物密度大、空地少的地方尤为必要。

图 3.9 建筑垂直绿化

3.3 识读立面图

3.3.1 立面图的形成与作用

建筑立面图是房屋各个方向的外墙面以及按投影方向可见构配件向与之平行的投影面投影形成的正投影图。它主要反映房屋长度、高度、层数，屋顶的形式，以及外墙面的做法等房屋的外形和外貌。它的主要作用是确定门窗、檐口、雨篷、阳台等的形状和位置，以及指导房屋外部装修施工和计算有关预算工程量。

立面图的命名方式有以下 3 种：

①用朝向命名，如南立面图、北立面图、东立面图及西立面图。

②按外貌特征命名，如正立面图、背立面图、左侧立面图及右侧立面图。人们通常把房屋

的主要出入口或反映房屋外貌主要特征的立面图,称为正立面图。

③用建筑平面图中的首尾轴线命名,如①—⑦立面图、Ⓐ—Ⓗ立面图、⑦—①立面图、Ⓗ—Ⓐ立面图。

3.3.2　立面图的图示特点

①建筑立面图常用的比例是 1:50,1:100,1:200 等,一般与对应的建筑平面图相同。

②立面图中,一般只标出两端的轴线及编号,其编号与平面图一致。

③立面图中的图线除粗实线、中粗实线和细实线外,还用 1.4b 特粗实线表示室外地面线。

④建筑立面图标高是相对标高,标高只需注在室外地坪、首层室内地面(相对标高基准面)、各层楼面、檐口、窗台、窗顶、雨篷底及阳台面等处。

⑤立面图水平方向一般不标注尺寸。

3.3.3　立面图的图示内容

①图名、比例。图名如"南立面图""①—⑦立面图""Ⓐ—Ⓗ立面图""正立面图"等,比例如 1:100,1:200,1:50 等。

②立面图中的图线:

a.粗实线。表示建筑的外形轮廓。

b.中粗线。表示阳台、雨篷、门窗洞、台阶、花坛外形轮廓。

c.细实线。表示门窗、墙面分格线、雨水管、引出线等。

d.1.4b 特粗实线。表示室外地面线。

③尺寸标注。用标高标注各主要部位的相对高度;用尺寸标注的方法标注细部尺寸、定位尺寸(层高)和总尺寸(总高)3 道尺寸。

④建筑的外形及门窗、阳台、雨篷、台阶、花坛、门头、勒脚、檐口、雨水管、烟囱、通风道及外楼梯等的形式和位置。

⑤外墙面装修。立面图使用引出线和文字表明建筑外立面各部位的饰面材料、颜色和装修做法等,有的用详图索引符号表示。

⑥定位轴线。建筑物两端的定位轴线及其编号。

3.3.4　立面图的识读方法与步骤

建筑立面图的识读应结合建筑平面图以及门窗表等进行对照阅读。根据图名及轴线编号对照平面图,结合门窗表,明确各立面图所表示的内容是否正确。应按先看整体后看局部、先外形后细部、先主体后装修的步骤阅读,上下、左右反复阅读。

具体识读步骤如下:

①了解立面图的图名、比例和文字说明。

②看定位轴线及编号,确认立面图的投影方向。

③了解建筑的外貌特征以及门窗、阳台、雨篷、台阶、门头、勒脚、檐口、雨水管、屋顶等的形式和位置。

④看尺寸标注及标高,了解室内外高差、各层高度和总高度。

⑤看装饰线、分格线布置,看外墙引出线说明,了解外墙装饰细部构造做法及位置。

⑥根据详图索引查看索引详图,了解细部做法。

⑦了解立面图与平面图的对应关系,结合平面图综合阅读。

3.3.5　某绿色建筑立面图的识读

下面以某校三星级绿色建筑(2012 年获三星级绿色建筑设计标识)①—⑯立面图为例,说明建筑立面图的识读方法(见附图 13)。

图名为①—⑯轴立面图,是该楼正立面图,比例为 1:150,两端的定位轴线编号分别为①、⑯轴。由附图 13 可知,行政楼的正立面呈轴对称布置,立面造型简洁、稳重;外墙采用浅色花岗岩与灰色铝板,屋顶采用深灰色水泥瓦,屋顶正中设有太阳能光电板,建筑外立面色彩以白灰为主基调,体现了"水墨江南"的建筑风格;建筑主入口位于建筑中轴线处,同样呈轴对称布置,设有一外挑雨篷,前设台阶,两侧设坡道;由图中标注的标高可知,该楼室内外高差为 1 200 mm,建筑最高处标高为 36.00 m,坡屋顶屋脊标高 34.65 m,一至三层层高为 4 000 mm,四层以上层高为 3 700 mm;窗台高 900 mm;一至三层窗高为 2 300 mm,四层以上窗高为 2 000 mm;由图中的文字说明可知,该楼外墙的装饰做法,如"干挂浅色花岗岩",表示指示线所指的外墙做法采用浅色花岗岩饰面材料使用干挂法施工工艺。

该楼作为三星级绿色建筑在立面设计时重点采用以下两项技术措施:

①结合建筑屋面集成设计太阳能光伏发电系统,充分利用可再生能源,屋面铺设太阳能光伏组件,设计容量为 22.68 kWp,并采用用户侧低压并网系统。

②东向外窗采用铝合金固定百叶遮阳以及水平挑板遮阳;南向外窗采用水平挑板遮阳、可调节铝合金机翼(百叶水平)遮阳以及可调节中置百叶遮阳;西向外窗采用固定百叶遮阳,北向外窗采用水平挑板遮阳。其中,南向所采用可调节铝合金机翼(百叶水平)遮阳以及可调节中置百叶遮阳均为手动控制的可调外遮阳形式。

3.4　识读剖面图

3.4.1　剖面图的形成与作用

建筑剖面图简称剖面图,是假想用一个铅垂剖切面将房屋剖切开后移去靠近观察者的部分,作出剩下部分的投影图。剖面图用以表示建筑物内部的结构构造、垂直方向的分层情况,以及各层楼地面、屋顶的构造、简要的结构形式、构造方式及相关尺寸、标高等。建筑剖面图是与平面图、立面图相互配合的不可缺少的重要图纸之一。

剖面图的数量是根据房屋的复杂情况和施工实际需要决定的;剖面图的剖视位置应选在层高不同、层数不同、内外部空间比较复杂、最有代表性的部分,如门窗洞口和楼梯间等位置,并应通过门窗洞口。

3.4.2 剖面图的图示特点

①建筑剖面图常用的比例是 1:50,1:100,1:200 等,一般与对应的建筑平面图相同。

②剖面图的图名应与底层平面图上标注的剖切符号编号一致。

③剖面图的剖切位置应选择能反映建筑全貌、构造特征以及有代表性的部位,如楼梯间、门窗洞口等。

④被剖切到的墙、楼面、屋面、梁的断面轮廓线用粗实线绘制,砖墙一般不画图例,钢筋混凝土梁、楼面、屋面和柱的断面通常涂黑表示;室内外地坪线用 1.4b 特粗实线表示。

⑤剖面图在竖向应标注细部高度、层间高度和建筑总高 3 道尺寸,在水平方向应标注剖切到的轴线间距及建筑总宽度(或轴线间总宽)。室内还应标注楼梯、门窗以及内部设施的定位尺寸。

⑥剖面图中的构造层次及做法可用引出线引出,并注写文字说明。对无法在剖面图中标注的构造做法,应用索引符号引出注明详图所在图纸或图集中的位置。

3.4.3 剖面图的图示内容

①图名、比例。图名如"1—1 剖面图""2—2 剖面图""A—A 剖面图"等,比例如 1:100,1:200,1:50 等。

②墙、柱定位轴线,轴线编号。

③剖切到的建筑构配件轮廓及材料做法及没被剖切到但在剖视方向可见的建筑构配件轮廓,包括室外地面、底层地(楼)面、地坑、地沟、机座、各层楼板、吊顶、屋架、屋顶、出屋面烟囱、天窗、挡风板、消防梯、檐口、女儿墙、门、窗、吊车、吊车梁、走道板、梁、铁轨、楼梯、台阶、坡道、散水、平台、阳台、雨篷、洞口、墙裙、雨水管及其他装修等可见的内容。

④高度尺寸。外部尺寸:门、窗、洞口高度及总高度;内部尺寸:地坑深度、隔断、洞口、平台及吊顶等。

⑤标高。底层地面标高(±0.000 m),以上各层楼面、楼梯、平台标高、屋面板、屋面檐口、女儿墙顶及烟囱顶标高,高出屋面的水箱间、楼梯间、机房顶部标高,室外地面标高,底层以下的地下各层标高。

⑥详图索引符号。

⑦必要的文字说明。

3.4.4　剖面图的识读方法与步骤

建筑剖面图的识读应结合底层平面图以及各层平面图的相互关系进行阅读。根据图名及轴线编号对照平面图,结合门窗表,明确各剖面图所表示的内容是否正确。应先看整体后看局部,先墙外后墙内,先底层后上层,上下、内外反复阅读。

具体识读步骤如下:

①了解剖面图的图名、比例。

②看定位轴线及编号,了解剖面图与平面图的对应关系。

③了解被剖切到的墙体、楼板、楼梯及屋顶。

④看文字说明,了解屋面、楼面和地面的构造层次及做法。

⑤了解屋面的排水方式。

⑥了解可见的部分。

⑦了解剖面图上的尺寸标注。

⑧了解详图索引符号的位置和编号。

3.4.5　某绿色建筑剖面图的识读

下面以某校三星级绿色建筑(2012 年获三星级绿色建筑设计标识)3—3 剖面图为例(见附图 19),说明建筑剖面图的识读方法。

该图图名为 3—3 剖面图,比例为 1∶150。由该楼一层平面图(见附图 4)剖切线位置可知,3—3 剖切线通过 3 号楼梯间,剖切后向左投视,为横剖面图。由 3—3 剖面图可知,该楼共9 层,地下 1 层,地上 8 层,地下机动车库层高 3 900 mm,地上一至三层层高为 4 000 mm,四至八层层高为 3 700 mm,建筑室内外高差 1 200 mm。该楼楼梯为双跑楼梯,踏步踏面宽均为280 mm。地下室楼梯踏步高 169.6 mm,7 级加 16 级共 23 个踏步;一至三层楼梯踏步高 153.8 mm,每层设 26 个踏步,其中一层楼梯首跑 16 级;四层至七层楼梯踏步高 154.2 mm,每层设24 个踏步;第八层楼梯踏步高分别为 170.9,170.8 mm,分设 8 个踏步和 16 个踏步。3—3 剖面图左右两侧均标注了标高和线性尺寸,表示外墙上的门窗洞口、楼地面的高度信息;标注了内部尺寸,注明了门窗洞口高度;注写了墙身、扶手栏杆详图索引。

模块4 绿色建筑构造图识读基础知识

4.1 绿色建筑节能设计基础知识

4.1.1 绿色建筑设计

绿色建筑设计是将绿色环保理念融入建筑设计的各个环节中,以此达到节能降耗的目的。绿色建筑设计,实际上指的是在建筑的设计与使用中尽可能地减少资源浪费,从而做到节约能源、降低污染,最大程度保护生存环境。与此同时,为人类提供更舒适有效的生存生产环境与空间,加强自然与人类之间的联系,实现人与自然环境统一、共存的理念。

关于绿色建筑设计,需要注意的内容有以下3点:

①在绿色建筑设计中,最突出的节能特征就是节约能源和资源,首先针对人类生存生产发展环境,尽量增强人们居住的舒适度,加强节能、节水等标准要求,对采光、通风、绿化、降低噪声等方面需要采取对应的基础措施,从而为人类生活提供更良好的环境保障与技术保障。

②针对节能减排,相较于传统建筑设计,绿色建筑设计使用的资源相对消耗会更少,综合考虑人居环境的调研、规划及设计、建筑的施工与使用、环境的保护与发展、材料回收与处理等生命周期中各环节对环境及人的影响的设计方法;在实际建造过程中,则需要以此为基础进行各项标准以及要求制订,只有满足更低能源消耗标准,才符合绿色建筑设计。

③针对资源效益问题,绿色建筑设计的理念中极为重要的一点是:相关绿色建筑在项目过程中能节省大量能源,遵循生命周期设计原则,在设计过程中随时在各环节间进行信息交流和反馈,实现多因素、多目标、整个设计过程的全局最优化;每一个环节的设计都要遵循生态化原则,要节约能源、资源,无害化,可循环,需要能逐步收回建筑的新增成本,从而为建筑设计提升经济效益和社会效益。

4.1.2 绿色建筑节能设计

建筑节能是指在建筑物的规划、设计、新建(改建、扩建)、改造和使用过程中,执行建筑节能标准,采用节能型的建筑技术、工艺、设备、材料和产品,提高保温隔热性能和采暖供热、空调制冷制热系统效率,加强建筑物用能系统的运行管理,利用可再生能源,保证绿色建筑的需要。

建筑节能设计是实施能源、环境、社会可持续发展战略的重要组成部分,也是国际社会走可持续发展绿色建筑之路的基本趋势。绿色节能建筑与普通建筑的区别主要体现在节能性以及环保性两个方面,在绿色建筑设计的支撑下,绿色节能建筑的节能降耗能力获得了大幅度提升,同时其使用寿命也得到了一定的延长。此外,绿色节能建筑采用的大部分材料都可以进行回收利用。绿色节能建筑的特性表现在以下3个方面:

1)建筑室内热环境的调整

绿色节能建筑采用了大量的复合材料,墙体的隔热保温效果十分显著,不论是炎热的夏季,还是寒冷的冬季,都能为住户提供良好舒适的环境,充分满足住户的不同要求。

2)对照明和空气的要求

绿色节能建筑对照明和空气的要求较高。因此,绿色节能建筑的照明系统和通风系统尤为重要。在设计过程中,必须积极采取先进技术和设计方法,切实保障这两个系统的功能,以获得良好的采光和通风条件,促进建筑节能环保性能的发挥。

3)噪声隔绝

噪声污染已成为当前阶段社会污染的重要形式,对城市居民的生活带来了十分重要的负面影响。因此,绿色节能建筑必须具备噪声隔绝的能力。通常情况下,主要的方法是应用特殊建材对噪声进行吸收或隔绝,降低噪声对居民正常生活的影响。

4.1.3 绿色建筑围护结构保温隔热设计

建筑的围护结构是构成建筑空间,并且抵御外部环境不利影响的构件。它主要是指外墙、屋顶和外窗3个部分。围护结构节能是实现建筑节能的有效途径,能从根本上减少能源的使用量。建筑围护结构节能设计的优劣直接影响建筑内部热环境的优劣、建筑的节能效率,是绿色建筑节能设计的重要组成部分。因此,本书绿色建筑构造图的识读主要选取绿色建筑围护结构的保温隔热节点详图。

4.2 绿色建筑外墙保温隔热构造图识读

4.2.1 绿色建筑外墙构造基础知识

1)外墙保温的意义

建筑的外部围护结构直接面向外部环境,其热损失占了建筑物能量损失的绝大部分,而建筑物外墙又占了较大的一部分。因此,墙体节能是建筑节能的重要组成部分。进行建筑墙体的节能优化和外墙保温节能技术的运用是目前建筑节能技术发展的一个关键前提,改善墙体的性能能明显提高建筑节能的效果,发展外墙保温技术和节能材料则是促进建筑节能的基本方式。

2)外墙保温的类型

建筑外墙的节能保温做法按其保温层所在位置,可分为外墙内保温、外墙外保温、外墙自保温及外墙夹芯保温4种类型。

(1)外墙内保温

外墙内保温就是外墙的内侧使用保温材料(如苯板、保温砂浆等),保温材料外侧做保护层及饰面层,从而使建筑墙体具有保温节能的作用。

外墙内保温技术的优点:

①施工易于操作,速度快。

②满足承重要求的前提下,外墙体可适当减荷。

外墙内保温技术的缺点:

①保温隔热效果较差,外墙平均传热系数较高。

②容易出现"热桥"、结露现象。

③室内使用面积减少,影响室内二次装修。

(2)外墙外保温

外墙外保温技术是将保温材料附设在外墙外侧。它主要是由基层墙体、绝热层、保护或面饰层以及固定物组成的,是在外墙外侧置保温隔热体系使建筑物保温。

外墙外保温的优点:

①保温隔热体系置于外墙外侧,使主体结构免受温差大的影响,避免产生热桥,消除冷凝,减少建筑主体结构温差开裂。

②增加建筑物的使用空间,避免装修对保温层的破坏。

③保护建筑物的主体结构,可增加墙体结构寿命。

④保温效果显著。

外墙外保温技术的缺点:

①对保温材料的耐久性和抗冻融能力要求较高。

②施工难度较大。

③保温层容易脱落,从而造成意外事故。

在各种保温结构中,外保温隔热具有明显的优势,因此,目前外墙外保温技术是我国墙体保温隔热的主要形式。

(3)外墙自保温

外墙自保温系统是采用保温砖(砌块)填充墙体,配套合理的冷(热)桥、剪力墙保温处理措施和交接面处理措施构成的外墙保温系统。

外墙自保温技术体系是指墙体自身的材料具有保温隔热节能的功能,并且可与适当的保温材料和墙体厚度搭配组成复合式保温墙体。常见的保温节能墙体有蒸汽加压混凝土砌块、节能型页岩烧结空心砌块、陶粒混凝土空心砌块及泡沫混凝土砌块等。自保温的缺点是:热桥部位在外部气温较低时,容易产生结露现象。因此,热桥部位需要采取合理的措施进行处理,必须采用低热导率的砌筑砂浆。

(4)外墙夹芯保温体系

外墙夹芯保温体系将保温层放于基础墙体的中央,基础墙体可采用砖类、砌块类等。该体系根据不同结构特点,可分为填充板式夹芯保温和发泡式夹芯保温。填充板式就是在基础墙体中间放置保温板材。主要的保温板有岩棉板、EPS板、聚氨酯硬板、FRP纤维增强塑料板等。另外,发泡式夹芯保温就是在基础墙体中间放泡沫塑料,现场发泡。

3)外墙保温的常用材料

建筑行业中所使用的保温材料品种繁多,可分为无机材料和有机材料。无机材料有加气混凝土砌块、膨胀珍珠岩、岩棉及玻璃棉等;有机材料有聚苯乙烯泡沫塑料(聚苯板)、聚氨酯泡沫塑料和泡沫玻璃等。这些材料保温隔热性能的高低由材料的热传导性能的高低(导热系数)所决定。当材料的导热系数越小时,其保温隔热性能就越好。当然,无机材料和有机材料各有各的优点。其中,有机材料有吸水率较低、强度较高、不透水性较佳等特点;无机材料有不燃、使用温度宽、耐化学腐蚀性较好等特点。目前,国内在建筑市场上广泛采用新型保温材料,主要有岩棉、聚苯乙烯泡沫塑料、玻璃棉、硅酸盐复合绝热砂浆、水泥聚苯板及泡沫玻璃等。

(1)常用无机保温材料

①岩棉。岩棉、矿渣棉及其制品(板、毡、管壳、带等)是目前使用量最大的无机纤维保温、吸声材料"三棉"(岩棉、矿渣棉和玻璃棉)中的两种。岩棉、矿渣棉的原料丰富、价格低廉、保温和吸声效果好,施工方便,故深受设计及施工人员欢迎。岩棉板节能保温性能良好,是应用最早的一款无机保温材料。其以玄武岩、辉绿岩为主要原材料,经高温熔融(温度通常在2 000 ℃以下),加工而成的无机纤维板,纤维板直径通常为3~9 μm,密度在50~200 kg/m³。岩棉板因其具有质量小、防火性能好、保温降噪效果佳、不腐耐久等优点,被广泛应用于石油化工、电力交通及建筑农业等领域中。岩棉是一种不燃材料,安全系数相对较高。但是,该材料吸水率较大,吸水后可在一定程度上影响其导热系数,继而影响或散失保温隔热性能。因此,将岩棉板应用于外墙保温中时,降低其吸水率十分重要。在国外,岩棉板在外墙保温中的应用并不广泛,在保温材料市场中的占比不高,究其原因主要是岩棉价格相对较高,而且把岩棉作为外墙保温材料,其施工操作十分严格,质量要求高。

②玻璃棉。玻璃棉及其制品(板、毡、带、管壳)是目前产量仅次于岩棉、矿渣棉及其制品

的无机纤维类保温、隔热、吸声材料。玻璃棉的原料丰富,价格低,保温、隔热、吸声效果好,施工简便,故深受保温设计、施工人员的青睐。玻璃棉是以硅砂、石灰石、白云石为主要原料,采用垂直喷吹法、火焰喷吹法、离心喷吹法等生产工艺生产。

③玻化微珠保温砂浆。玻化微珠保温砂浆是一种新型无机保温砂浆材料。它以玻化微珠为轻质骨料,与玻化微珠保温胶粉料按照一定比例调配而成。玻化微珠保温砂浆不仅施工工序简单、保温隔热性能好,而且不易空鼓开裂、强度高、防火耐老化性能好,使用寿命较长。但是,该材料吸水性较大,在施工过程中通常需要使用渗透型防水剂才能避免。此外,它具有一定的收缩率,进行多层施工时,必须控制每一层的施工厚度,才能减少其收缩率。

(2)常用有机保温材料

①泡沫玻璃。泡沫玻璃又称多孔玻璃。泡沫玻璃制品是一种性能优异的保温节能材料。泡沫玻璃制品的主要成分为 SiO_2,主要为碎玻璃、发泡剂(一般采用石灰石、焦炭或大理石等)。

②聚氨酯泡沫塑料。聚氨酯全称氨基甲酸高聚物。聚氨酯泡沫塑料主要分为轻质聚氨酯泡沫塑料和硬质聚氨酯泡沫塑料。硬质聚氨酯泡沫塑料具有表观密度小、比强度高、导热系数低、不发霉、可加工性能好、吸声性好、抗震能力强等优点。为了防火起见,往往用一些不燃材料作为覆盖层,如石棉水泥板、石膏板、金属板及混凝土等,也可直接在硬质聚氨酯泡沫塑料表面喷饰面涂料和粘贴一层塑料壁纸等来作为墙体、吊顶板、地板等的保温隔热层。

③聚苯乙烯泡沫塑料(EPS)。聚苯乙烯泡沫塑料是由苯乙烯聚合而成的。因其分子中含有苯环结构,故其制品大多比较脆而耐热性好,属于硬质泡沫塑料。聚苯乙烯泡沫塑料的性能与硬质聚氨酯泡沫塑料相近,但其耐冲击力强度、抗压强度、抗拉强度等力学性能均比后者差。聚苯乙烯泡沫塑料具有轻质、导热系数、保温和隔热性能好、不吸水、耐酸碱性好、耐热性好等特点,而且又有一定的弹性,可起到减震缓冲的作用。

4)外墙保温的常用构造形式

(1)外挂式保温

外挂式保温技术是首先运用黏结砂浆或专用的固定件把保温材料贴或挂在外墙上,然后抹抗裂砂浆,压入玻璃纤维网格布,最后形成相应的保护层,并作装饰面。

(2)聚苯板与墙体一次浇筑成型

这种技术可解决外挂式保温产生的基本问题,相应的优势和特点十分显著。外墙主体和保温层一次成型,在一定程度上提升了工作效率,使工期缩短,保证了相应施工人员的基本安全。在冬季施工时,聚苯板有保温的作用,可削减外围保温措施。但在进行混凝土浇筑时,要连续均匀地浇筑,否则受侧压力的影响会造成聚苯板拆模后产生变形和错位,对后续施工工作产生一定的影响。

（3）聚苯颗粒保温料浆外墙保温

这种施工基本技术操作简单，可降低劳动强度，提升基本工作效率，不易受结构质量差异的影响。进行有缺陷的墙体施工时，墙面不用修补找平，运用保温料浆即可。与此同时，这项技术可对外墙保温工程中产生的界面层易脱、空鼓、开裂等相关问题进行改善，整体上可实现外墙外保温技术的突破。

4.2.2 外墙保温的常用构造图识读

1）粘贴保温板外墙保温——涂料饰面基本构造

（1）基本构造图

基本构造图如图4.1、图4.2所示。

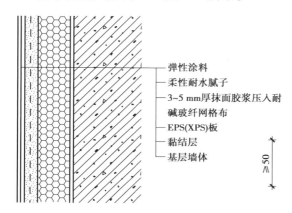

图4.1 涂料饰面基本构造
（用于建筑高度≤20 m）

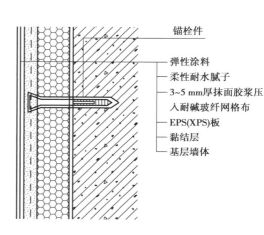

图4.2 涂料饰面基本构造
（用于建筑高度＞20 m）

（2）构造图解读

图4.1用于建筑高度 $H \leqslant 20$ m，图4.2用于建筑高度 $H > 20$ m。

①在基层墙体上用专用胶黏剂粘贴EPS（XPS）板。必要时，应用锚栓辅助固定。

②刮抹3～5 mm厚抗裂砂浆，并在抗裂砂浆中满铺耐碱玻纤网格布。

③刮柔性耐水腻子。

④涂弹性涂料。

2）粘贴保温板外墙保温——面砖饰面基本做法（用于建筑高度 $H \leqslant 24$ m）

（1）基本构造图

基本构造图如图4.3、图4.4所示。

（2）构造图解读

①在基层墙体上用专用胶黏剂粘贴EPS（XPS）板。必要时，应用锚栓辅助固定。

②刮抹5～8 mm厚抗裂砂浆,在抗裂砂浆中压入满铺复合热镀锌钢丝网防开裂。必要时,要应用锚栓辅助固定。

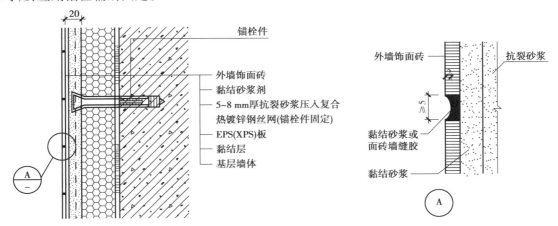

图 4.3   面砖饰面基本构造(用于建筑高度≤24 mm)   图 4.4   面砖饰面构造细部

③用黏结砂浆剂粘贴外墙饰面砖。

3)粘贴保温板外保温平面转角节点构造——外墙阳角

(1)基本构造图

基本构造图如图4.5、图4.6所示。

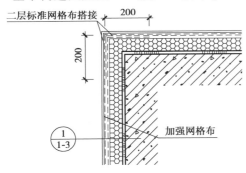

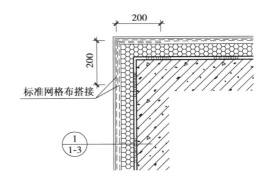

图 4.5   首层外墙阳角加强基本构造   图 4.6   二层及二层以上外墙阳角基本构造

(2)构造图解读

图4.5为首层外墙阳角加强,图4.6为二层及二层以上外墙阳角,首层外墙设置两层网格布。二层及以上设置一层网格布,转角网格布搭接长度为400 mm。饰面材料为涂料或面砖的,与以上相同。

4)粘贴保温板外保温平面转角节点构造——外墙阴角

(1)基本构造图

基本构造图如图4.7、图4.8所示。

（2）构造图解读

①图4.7为首层外墙阴角加强，首层外墙设置两层网格布。

②图4.8为二层及二层以上外墙阴角，二层及以上设置一层网格布。

③转角网格布搭接长度为400 mm，饰面材料为涂料或面砖的，与以上相同。

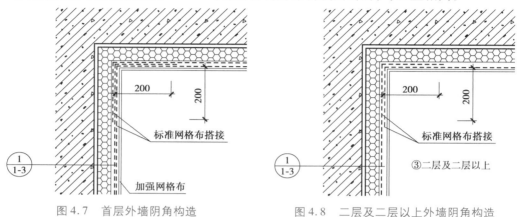

图4.7　首层外墙阴角构造　　　　　图4.8　二层及二层以上外墙阴角构造

5）粘贴保温板外保温——勒脚节点构造

（1）基本构造图

基本构造图如图4.9、图4.10所示。

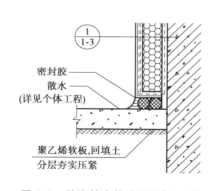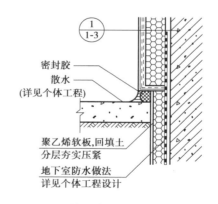

图4.9　勒脚基本构造(无地下室)　　　图4.10　勒脚基本构造(有地下室)

（2）构造图解读

构造图中，$\frac{1}{1-13}$ 详图符号是指此处墙身做法详见个体工程，密封胶是指用建筑密封胶嵌缝，散水阴角部分一般可做直径为100 mm左右圆弧。

6）粘贴保温板外保温——女儿墙节点构造

（1）基本构造图

基本构造图如图4.11、图4.12所示。

（2）构造图说明

图 4.11 为不压顶构造，图 4.12 为混凝土压顶构造。其中，混凝土压顶是指砌筑墙体顶部浇筑的 50～100 mm 厚的混凝土结构，压住墙顶（防止墙顶砌块因砌筑砂浆风化或遭震动、碰撞而松动掉落）。

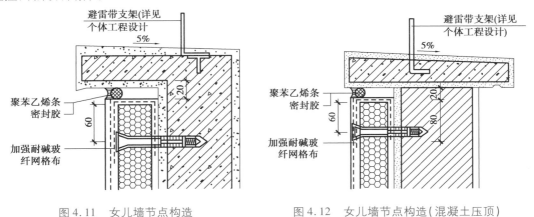

图 4.11 女儿墙节点构造   图 4.12 女儿墙节点构造（混凝土压顶）

7）粘贴保温板外保温——防火隔离带节点构造

（1）基本构造图

基本构造图如图 4.13 所示。

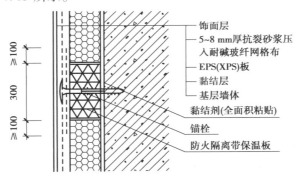

图 4.13 防火隔离带节点构造

（2）构造图解读

图 4.13 中，防火隔离带保温板即防火隔离材料，燃烧性能应为 A 级，可采用岩棉带、发泡水泥板和泡沫玻璃板等；锚栓是指将防火隔离带保温板固定在基层墙体上。构造图中，非防火隔离带墙体的做法如下：

①在基层墙体上用专用胶黏剂粘贴 EPS（XPS）板。必要时，应用锚栓辅助固定。

②刮抹 5～8 mm 厚抗裂砂浆，并在抗裂砂浆中满铺耐碱玻纤网格布（防开裂，需两层）。

③涂刷涂料饰面层。

8)无机轻集料保温砂浆外墙外保温隔热基本做法——涂料饰面

（1）基本构造图

基本构造图如图4.14、图4.15所示。

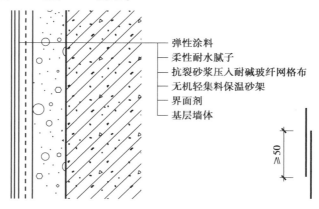

弹性涂料
柔性耐水腻子
抗裂砂浆压入耐碱玻纤网格布
无机轻集料保温砂架
界面剂
基层墙体

≥50

图4.14　涂料饰面基本构造（用于建筑高度≤20 m）

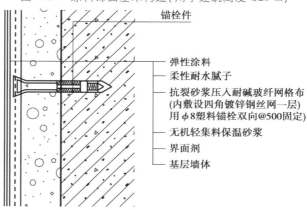

锚栓件

弹性涂料
柔性耐水腻子
抗裂砂浆压入耐碱玻纤网格布
(内敷设四角镀锌钢丝网一层)
用φ8塑料锚栓双向@500固定)
无机轻集料保温砂浆
界面剂
基层墙体

图4.15　涂料饰面基本构造（用于建筑高度>20 m）

（2）构造图解读

图4.14用于建筑高度$H \leqslant 20$ m,图4.15用于建筑高度$H > 20$ m。

①在基层墙体上刷界面剂。

②刮抹无机轻集料保温砂浆保温层（注:宜不大于50 mm,当保温层设计厚度超过50 mm时,应采用内外组合保温系统）。

③刮抹厚抗裂砂浆（不小于3 mm）,并在抗裂砂浆中满铺耐碱玻纤网格布。

④刮柔性耐水腻子。

⑤涂刷弹性涂料。

9）无机轻集料保温砂浆外墙外保温隔热基本做法——面砖饰面

（1）基本构造图

基本构造图如图 4.16 所示。

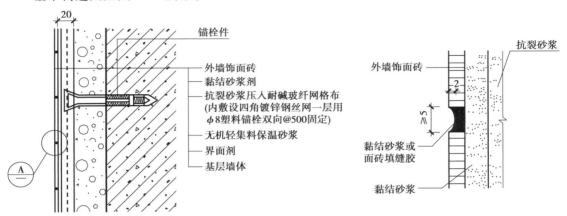

图 4.16   面砖饰面基本构造（用于建筑高度≤24 mm）

（2）构造图解读

①在基层墙体上刷界面剂。

②刮抹无机轻集料保温砂浆保温层（注：不宜大于 50 mm，当保温层设计厚度超过 50 mm 时，应采用内外组合保温系统）。

③刮抹厚抗裂砂浆（不小于 3 mm），并在抗裂砂浆中满铺耐碱玻纤网格布，内敷设四角镀锌钢丝网一层（用直径 8 mm、间距 500 mm 的塑料锚栓双向固定）。

④铺 5 ~ 8 mm 厚抗裂砂浆，并且抗裂砂浆中压入满铺复合热镀锌钢丝网防开裂。必要时，应用锚栓辅助固定。

⑤用黏结砂浆剂粘贴外墙饰面砖。

10）无机轻集料保温砂浆外保温平面转角节点构造——阳角

（1）基本构造图

基本构造图如图 4.17 所示。

（2）构造图解读

图 4.17 为首层外墙阳角加强，图 4.18 为二层及二层以上外墙阳角。这里以建筑高度 H24 m 的涂料混凝土外墙为例，给出阴角、阳角构造图。首层外墙增设加强网格布一层。转角网格布搭接长度 400 mm。

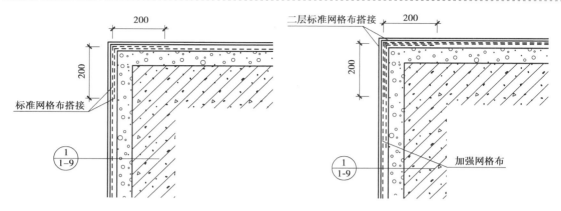

图 4.17　首层外墙阳角加强基本构造　　　图 4.18　二层及二层以上外墙阳角节点构造

11）无机轻集料保温砂浆外保温平面转角节点构造——阴角

（1）基本构造图

基本构造图如图 4.19、图 4.20 所示。

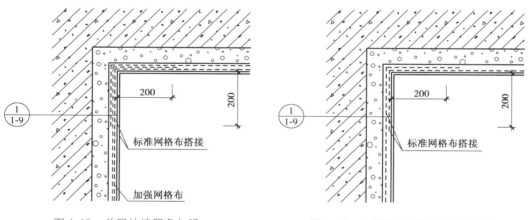

图 4.19　首层外墙阴角加强　　　　　　图 4.20　二层及二层以上外墙阴角

（2）构造图解读

图 4.19 为首层外墙阴角加强，图 4.20 为二层及二层以上外墙阴角。这里以建筑高度 $H24\text{ m}$ 的涂料混凝土外墙为例，给出阴角、阳角构造图。首层外墙增设加强网格布一层。转角网格布搭接长度 400 mm。

12）无机轻集料保温砂浆外保温勒脚节点构造

（1）基本构造图

基本构造图如图 4.21—图 4.23 所示。

（2）构造图解读

构造图中，阴角处用聚苯板严缝，密封胶是指用建筑密封胶嵌缝。

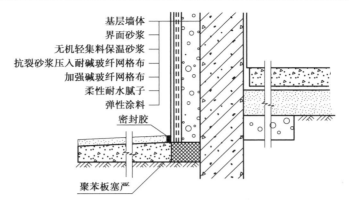

基层墙体
界面砂浆
无机轻集料保温砂浆
抗裂砂浆压入耐碱玻纤网格布
加强碱玻纤网格布
柔性耐水腻子
弹性涂料
密封胶
聚苯板塞严

图4.21　勒脚节点构造一

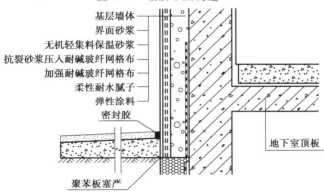

基层墙体
界面砂浆
无机轻集料保温砂浆
抗裂砂浆压入耐碱玻纤网格布
加强耐碱玻纤网格布
柔性耐水腻子
弹性涂料
密封胶
地下室顶板
聚苯板塞严

图4.22　勒脚节点构造二

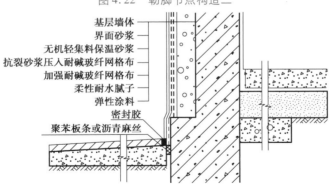

基层墙体
界面砂浆
无机轻集料保温砂浆
抗裂砂浆压入耐碱玻纤网格布
加强耐碱玻纤网格布
柔性耐水腻子
弹性涂料
密封胶
聚苯板条或沥青麻丝

图4.23　勒脚节点构造三

13）无机轻集料保温砂浆外墙外保温女儿墙节点构造

（1）基本构造图

基本构造图如图4.24所示。

（2）构造图解读

图4.24中,5%是指向内做5%的找坡层。

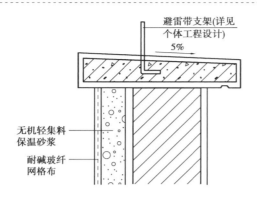

图4.24 女儿墙节点构造(混凝土压顶)

14)喷涂硬泡聚氨酯外墙外保温隔热基本做法——涂饰

(1)基本构造图

基本构造图如图4.25所示。

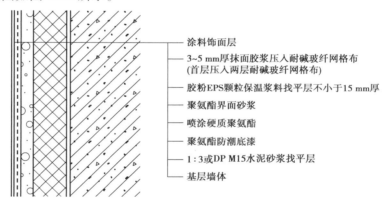

图4.25 涂料饰面基本做法

(2)构造图解读

①在基层墙体上刮抹1:3水泥砂浆或强度等级为M15的干混砂浆(DP)找平层。

②喷刷聚氨酯防潮底漆。

③喷涂硬质聚氨酯保温层。

④喷刷聚氨酯界面砂浆。

⑤刮抹胶粉EPS颗粒保温浆料找平层,厚度不小于15 mm。

⑥刮抹3～5 mm厚抹面胶浆并压入耐碱玻纤网格布(首层压入两层耐碱玻纤网格布)。

⑦涂涂料饰面层。

15)喷涂硬泡聚氨酯外墙外保温隔热基本做法——面砖

(1)基本构造图

基本构造图如图4.26所示。

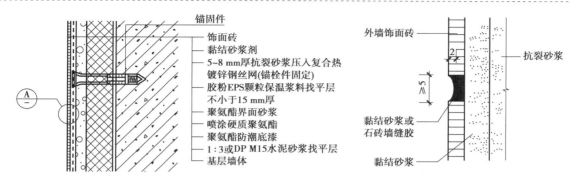

图4.26 面砖饰面基本做法(用于建筑高度≤24 m)

（2）构造图解读

①在基层墙体上刮抹1:3水泥砂浆或强度等级为M15的干混砂浆(DP)找平层。

②喷刷聚氨酯防潮底漆。

③喷涂硬质聚氨酯保温层。

④喷刷聚氨酯界面砂浆。

⑤刮抹胶粉EPS颗粒保温浆料找平层，厚度不小于15 mm。

⑥刮抹5~8 mm厚抗裂砂浆，同时抗裂砂浆中压入满铺复合热镀锌钢丝网防开裂。必要时，应用锚栓辅助固定。

⑦用专用黏结砂浆剂粘贴饰面砖。

16）喷涂硬泡聚氨酯外保温平面转角节点构造——阳角

（1）基本构造图

基本构造图如图4.27、图4.28所示。

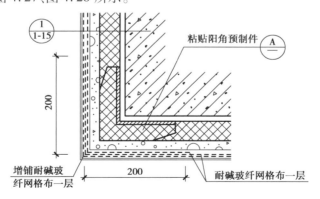

图4.27 首层阳角节点构造

（2）构造图解读

构造图中，$\frac{1}{1-15}$ 是指墙身的详图索引符号，$\frac{A}{ }$ 是指阳角详图的索引符号，Ⓐ 是指详图符号。首层墙角铺双层耐碱玻纤网格布，第一层耐碱玻纤网格布对接，第二层玻纤网格布搭接。

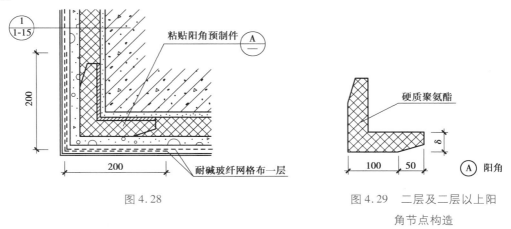

图 4.28

图 4.29　二层及二层以上阳
角节点构造

17）喷涂硬泡聚氨酯外保温平面转角节点构造——阴角

（1）基本构造图

基本构造图如图 4.30、图 4.31 所示。

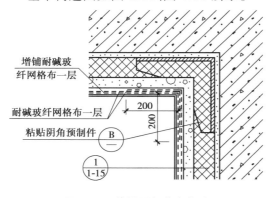

图 4.30　首层阴角节点构造

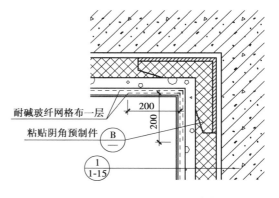

图 4.31　二层及二层以上阴角节点构造

（2）构造图解读

构造图中，$\frac{1}{1-15}$ 是指墙身的详图索引符号，$\frac{B}{—}$ 是指阴角详图

的索引符号，B 是指详图符号。首层墙角铺双层耐碱玻纤网格

布，第一层耐碱玻纤网格布对接，第二层玻纤网格布搭接。

18）喷涂硬泡聚氨酯外保温——勒脚节点构造

（1）基本构造图

基本构造图如图 4.33、图 4.34 所示。

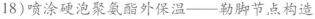

图 4.32　二层及二层以
上阴角细部构造

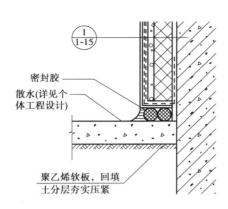

图 4.33 勒脚节点构造(无地下室)

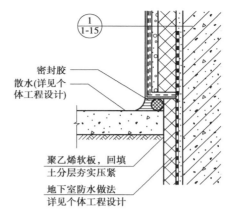

图 4.34 勒脚节点构造(有地下室)

(2)构造图解读

如图 4.33 所示的构造适用于无地下室的情况,如图 4.34 所示的构造适用于有地下室的情况。构造图中,有地下室的墙身需做防水,密封胶是指用建筑密封胶嵌缝。

19)喷涂硬泡聚氨酯外墙外保温——女儿墙节点构造

(1)基本构造图

基本构造图如图 4.35、图 4.36 所示。

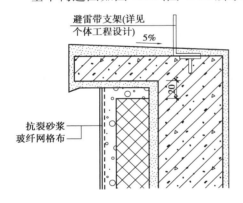

图 4.35 女儿墙混凝土墙身节点构造

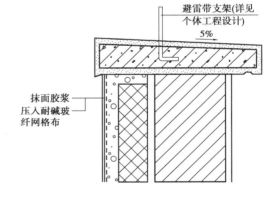

图 4.36 女儿墙墙身节点构造(混凝土压顶)

(2)构造图解读

图 4.35 适用于女儿墙混凝土墙身做法,图 4.36 适用于女儿墙混凝土压顶做法。构造图中,混凝土压顶是指砌筑墙体顶部浇筑厚 50 ~ 100 mm 的混凝土结构,压住墙顶(防止墙顶砌块因砌筑砂浆风化或遭震动、碰撞而松动掉落);5% 是指向内做 5% 的找坡层。

20)喷涂硬泡聚氨酯外墙外保温——防火隔离带节点构造

(1)基本构造图

基本构造图如图 4.37 所示。

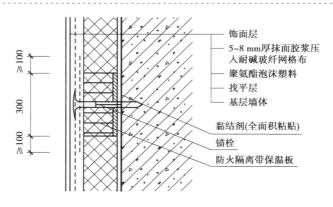

图 4.37　防火隔离带带点构造

（2）构造图解读

构造图中,防火隔离带保温板即防火隔离材料,燃烧性能应为 A 级,可采用岩棉带、发泡水泥板等;锚栓是指将防火隔离带保温板固定在基层墙体上。防火隔离带采用的材料燃烧性能应为 A 级,可采用岩棉带、发泡水泥板等。构造图上与非防火隔离带墙体的做法如图4.37所示。

21）EPS 钢丝网架板现浇混凝土外保温隔热基本做法——涂料饰面

（1）基本构造图

基本构造图如图4.38所示。

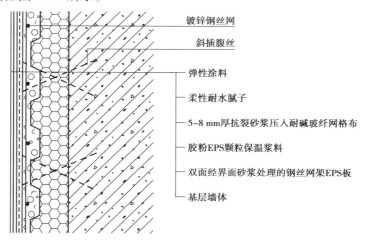

图 4.38　涂料饰面基本构造

（2）构造图解读

①基层是现浇钢筋混凝土。

②保温层是双层经界面砂浆处理的钢丝网架 EPS 板,并安装钢筋作为辅助固定件。

③用掺胶粉 EPS 颗粒保温砂浆将 EPS 板与混凝土层结合一体。

④5～8 mm 厚抗裂砂浆中压入耐碱玻纤网格布抹面。

⑤刮柔性耐水腻子。

⑥刷弹性涂料。

22）EPS 钢丝网架板现浇混凝土外保温隔热基本做法——面砖饰面

（1）基本构造图

基本构造图如图 4.39 所示。

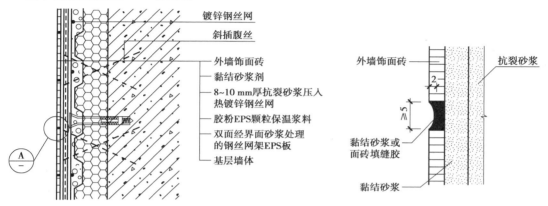

图 4.39　面砖饰面基本构造

（2）构造图解读

①基层是现浇钢筋混凝土。

②保温层是双层经界面砂浆处理的钢丝网架 EPS 板，并安装钢筋作为辅助固定件。

③用掺胶粉 EPS 颗粒保温砂浆将 EPS 板与混凝土层结合一体。

④8～10 mm 厚抗裂砂浆中压入热镀锌钢丝网。

⑤用黏结砂浆剂将外墙饰面砖粘贴在抗裂砂浆之上。

23）EPS 钢丝网架板现浇混凝土外保温平面转角节点构造——阳角

（1）基本构造图

基本构造图如图 4.40、图 4.41 所示。

（2）构造图解读

构造图中，$\frac{1}{1\text{-}21}$ 和 $\frac{3}{1\text{-}21}$ 是指此处墙身的详图索引符号，阳角处用角网与钢丝网片绑扎牢固，做法同钢丝网片，以提高抗冲击性。

24）EPS 钢丝网架板现浇混凝土外保温平面转角节点构造——阴角

（1）基本构造图

基本构造图如图 4.42、图 4.43 所示。

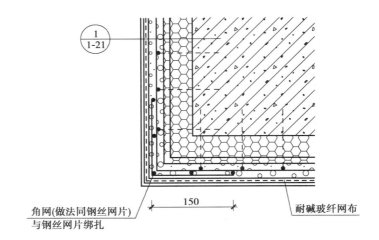

图 4.40　阳角基本构造一

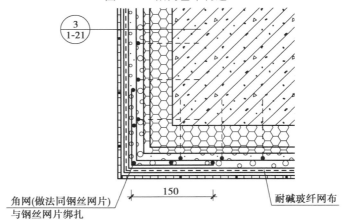

图 4.41　阳角基本构造二

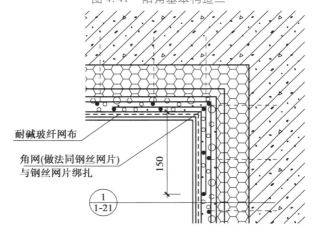

图 4.42　阴角基本构造一

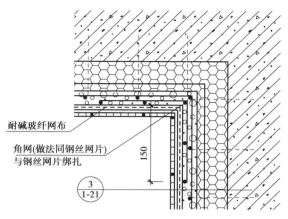

图 4.43 阴角基本构造二

（2）构造图解读

构造图中，$\frac{1}{1-21}$ 和 $\frac{3}{1-21}$ 是指此处墙身的详图索引符号，阳角处用角网与钢丝网片绑扎牢固，做法同钢丝网片，以提高抗冲击性。

25）EPS 钢丝网架板现浇混凝土外保温节点构造——勒脚

（1）基本构造图

基本构造图如图 4.44、图 4.45 所示。

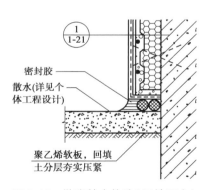

图 4.44 勒脚基本构造（无地下室）

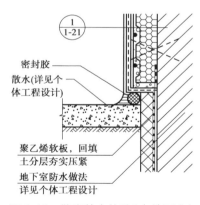

图 4.45 勒脚基本构造（有地下室）

（2）构造图解读

图 4.44 适用于无地下室，图 4.45 适用于有地下室。构造图中，$\frac{1}{1-21}$ 是指此处墙身的详图索引符号，密封胶是指用建筑密封胶嵌缝。

26) EPS 钢丝网架板现浇混凝土外保温节点构造——女儿墙

(1) 基本构造图

基本构造图如图 4.46、图 4.47 所示。

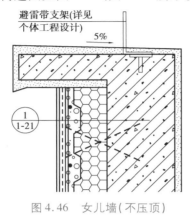
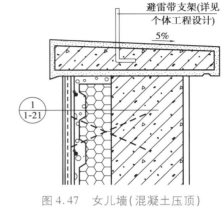

图 4.46　女儿墙（不压顶）　　　图 4.47　女儿墙（混凝土压顶）

(2) 构造图解读

如图 4.46 所示为不压顶构造，如图 4.47 所示为混凝土压顶构造。构造图中，混凝土压顶是指砌筑墙体顶部浇筑厚 50~100 mm 的混凝土结构，压住墙顶（防止墙顶砌块因砌筑砂浆风化或遭震动、碰撞而松动掉落）。

4.3　绿色建筑屋面构造图识读

4.3.1　绿色建筑屋面构造基础知识

1) 屋面保温隔热的意义

屋面是建筑外围护结构承受室外温度最高的地方，面积也较大。对中国北方寒冷和严寒地区，屋面节能设计主要是保温；对南方夏季较炎热的地区，屋面节能设计主要是隔热。屋面耗热量在围护结构中所占比重较大，其耗热量占围护结构传热耗热量的 7%~9%。因此，屋面的保温隔热相关措施对改善室内温度环境和节约整体能耗具有十分重要的意义。

2) 屋面保温隔热的类型

(1) 屋面正置式保温

屋面正置式保温是屋面保温节能普遍的做法。其基本做法是把容重低、导热系数小、具有一定强度的轻质高效保温材料放置在防水层和屋面板之间，形成封闭保温层。其构造形式自下而上依次为保护层、防水层、找平层、保温层、黏结层、找平层及基层。基本构造图如图 4.48 所示。

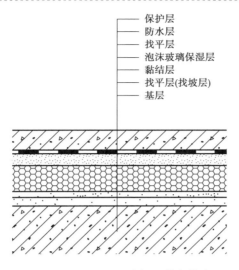

保护层
防水层
找平层
泡沫玻璃保湿层
黏结层
找平层(找坡层)
基层

图 4.48　屋面正置式保温基本构造

屋面正置式保温的优点：

①保温屋面可设计为上人屋面。

②防止钢筋混凝土结构受过大温差应力作用,从而保证整个屋面的优良的力学性能。

屋面正置式保温的缺点：

①防水层下易产生冷凝水,受热蒸发进而导致防水层空鼓脱层或受潮老化。

②为了防止防水层受潮,就要在保温层下设置隔汽层,但这样做会使结构更复杂,并且增加造价。

（2）屋面倒置式保温

屋面倒置式保温是采取轻质高强的挤塑聚苯板作为基本的保温材料,并将防水层放于保温层下,效果良好。它的构造由下到上依次是保护层、隔离层、保温层、结合层、防水层、找平层、找坡层及结构层。其基本构造图如图 4.49 所示。

屋面倒置式保温的优点：

①防水层放于保温层下,使相应的防水材料免受室外空气温度的变化和施工人员来回走动的干扰,延长相应防水材料的使用寿命,具有节能的功效。

②构造简单,方便施工,减少内部冷凝水的产生。因此,可不设置排气层,并且屋面施工不易受天气影响。

屋面倒置式保温的缺点:对保温材料性能要求高,吸水率低,耐久性好,但基本造价较高。

（3）屋面热反射隔热

屋面热反射隔热是指在屋面涂刷具有高反射率的涂料来达到屋面隔热节能效果。可将被涂物在太阳光照射下产生温度调节效果的涂料,称为热反射涂料。它包括太阳能屏蔽涂料、太阳热反射涂料、太空隔热涂料、节能保温涂料及红外伪装降温涂料等。

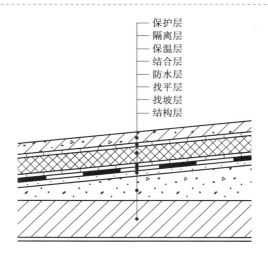

保护层
隔离层
保温层
结合层
防水层
找平层
找坡层
结构层

图4.49　屋面倒置式保温基本构造

（4）屋面种植保温隔热

种植屋面是指在屋面防水层上覆土或铺设锯末、蛭石等松散材料，并种植植物，起到隔热作用的屋面。在建筑屋面和地下工程顶板的防水层上铺以种植土，并种植植物，使其起到防水、保温隔热及生态环保作用的屋面，称为种植屋面。种植屋面是辅以种植土、在容器或种植模板中栽植植物来覆盖建筑屋面或地下建筑顶板的一种绿化形式。其基本构造做法如图4.50所示。

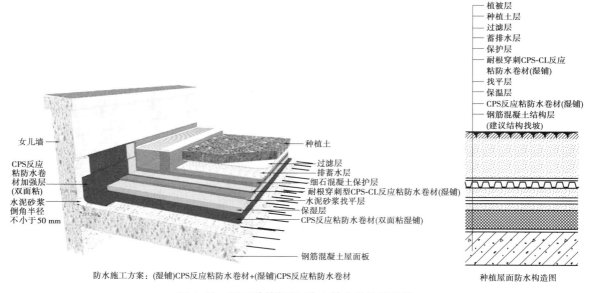

女儿墙

CPS反应
粘防水卷
材加强层
（双面粘）

水泥砂浆
倒角半径
不小于50 mm

种植土
过滤层
排蓄水层
细石混凝土保护层
耐根穿刺型CPS-CL反应粘防水卷材（湿铺）
水泥砂浆找平层
保湿层
CPS反应粘防水卷材（双面粘湿铺）

钢筋混凝土屋面板

防水施工方案：（湿铺）CPS反应粘防水卷材+（湿铺）CPS反应粘防水卷材

植被层
种植土层
过滤层
蓄排水层
保护层
耐根穿刺CPS-CL反应粘防水卷材（湿铺）
找平层
保温层
CPS反应粘防水卷材（湿铺）
钢筋混凝土结构层（建议结构找坡）

种植屋面防水构造图

图4.50　屋面种植保温、防水基本做法及构造

（5）屋面蓄水

屋面蓄水是指在屋面上建设蓄水池。它是利用水蒸发时带走大量热量以及水的比热容大储存热量的原理，并且当温度低时，会释放热量，维持温度稳定，从而有效地减弱了屋面的

传热量和改善屋面温度,具有较好的隔热保温效果,改善了屋面结构层的使用环境,增加其强度和防渗性能。该屋面适用于夏季温度较高且雨水充足的南方,而北方夏季雨水不足、蒸发快,需要不断供给,且冬天易结冰,不能起到良好的保温效果。蓄水屋面既可隔热又可保温,还能保护防水层,延长防水材料的寿命。

(6)屋顶通风隔热

屋顶通风隔热是在屋顶设置通风间层,一方面利用通风间层的外层遮挡阳光,使屋顶变成两次传热,避免太阳辐射热直接作用在围护结构上;另一方面利用风压和热压的作用,尤其是自然通风,带走进入夹层中的热量,从而减少室外热作用对内表面的影响。这种隔热措施起源于南方沿海地区的民居,应用于平屋顶时采用大阶砖架空层,在这些地区应用,隔热效果相当显著。后来推广到长江中下游地区,并用细石混凝土板取代大阶砖,通风层一般设在防水层之上,对防水层也有一定的保护作用。据实测,设置合理的屋面架空隔热板构造可使屋顶内表面的平均温度降低 4.5 ~ 5.5 ℃。采用屋顶通风隔热时,通风层长度宜不大于 10 m,空气层高度宜为 20 cm 左右。

3)屋面保温隔热的常用材料

(1)聚苯板

聚苯板(EPS)全称聚苯乙烯泡沫板,又称泡沫板或 EPS 板,用作保温层。它是由含有挥发性液体发泡剂的可发性聚苯乙烯珠粒,经加热预发后在模具中加热成型的具有微细闭孔结构的白色固体。它具有优异的保温隔热性能,高强度抗压性能,优越的抗水、防潮性,以及能防腐蚀、经久耐用等。

(2)挤塑聚苯板

挤塑聚苯板(XPS)全称挤塑聚苯乙烯泡沫板,简称挤塑板,又称 XPS 板。挤塑聚苯板具有优异、持久的隔热保温性,优越的抗水、防潮性,以及防腐蚀、经久耐用等。

(3)聚氨酯硬泡

聚氨酯硬泡是由硬泡聚醚多元醇(聚氨酯硬泡组合聚醚又称白料)与聚合 MDI(又称黑料)反应制备的。它主要用于制备硬质聚氨酯泡沫塑料,广泛应用于冰箱、冷库、喷涂、太阳能、热力管线及建筑等。其特点如下:

①导热系数。导热系数为 0.017 ~ 0.022 W/(m·k),低于岩棉、玻璃棉、聚苯板及挤塑板等建筑保温隔热材料。因此,具有独特的隔热保温性能,节电效率高且环保。

②憎水性能。憎水率 95% 以上,因此,具有优良的防水性能,保温、防水合二为一。

③黏结力。黏结能力强,能在混凝土、砖石、木材、钢材、沥青及橡胶等表面黏结牢固。

④密封性能。无空腔、无接缝,将建筑外围护结构完全包裹,能有效地阻止风和潮气通过缝隙流动进出建筑物,实现完全密封。

⑤尺寸稳定。尺寸稳定性小于 1%,具有一定的弹性变形能力,延伸率大于 5%。

⑥性能恒定。聚氨酯是惰性材料,与酸和碱都不发生反应,且不是虫类以及啮齿类动物的食物源,可保持材料性质及保温性能恒定。

⑦抗风性能。其抗压强度 >300 kPa,抗拉强度 >400 kPa,有很强的抗风性能,且其发泡可钻入墙体缝隙,增加其抗剪性能。

⑧阻燃性好。离火 3 s 自熄,表面碳化能阻止燃烧,且不会产生熔滴。

(4)蒸压加气混凝土

蒸压加气混凝土板是以水泥、石灰和硅砂等为主要原料再根据结构要求,配置和添加不同数量经防腐处理的钢筋网片的一种轻质多孔新型的绿色环保建筑材料。经高温高压、蒸汽养护,反应生产具有多孔状结晶的蒸压加气混凝土板,其密度较一般水泥质材料小,且具有良好的耐火、防火、隔音、隔热及保温等性能。蒸压加气混凝土板有较好的优越性,具体表现在:

①经济。能增加使用面积,降低地基造价,缩短建设工期,减少暖气、空调成本,达到节能效果。

②施工方便。加气混凝土产品尺寸准确、质量小,可大大减少人力、物力投入。在安装时,板材多采用干式施工法,工艺简便,效率高,可有效地缩短建设工期。

③环保。在生产过程中,没有污染和危险废物产生。使用时(即使在高温下和火灾中),也绝没有放射性物质和有害气体产生。各个独立的微气泡使加气混凝土产品具有一定的抗渗性,可防止水和气体的渗透。

(5)节能涂料

节能涂料按其节能原理,可分为阻隔型、辐射型和反射型。这 3 种节能涂料因隔热机理不同,性能特点、应用场合及节能效果也不相同。反射型节能涂料也称太阳反射涂料,是一种简便易行、效果明显的节能材料,目前已成为人们研究和开发的热点。最初,热反射涂料是为满足军事上的需求而发展起来的,涂装后可降低和削弱敌方热红外探测设备的效能,使自身的综合热散射特征与周围背景相适应。如今,国内外在反射涂料的理论研究方面日趋完善,已广泛应用于建筑、石油、运输等众多领域。用于建筑行业的热反射涂料,同时具有降低漆膜日光热老化作用,延长涂料使用周期,具有适应基材开裂的能力以及优良的防水性能。

4.3.2 屋面保温常用构造图识读

1)保温不上人屋面(正置式)

(1)基本构造图

基本构造图如图 4.51 所示。

(2)构造图解读

①在钢筋混凝土屋面板上,用厚 30 mm 轻集料混凝土做2%找坡层(采用直式排水)。

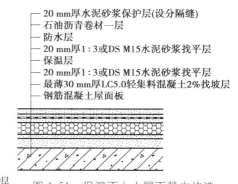

— 20 mm厚水泥砂浆保护层(设分隔缝)
— 石油沥青卷材一层
— 防水层
— 20 mm厚1:3或DS M15水泥砂浆找平层
— 保温层
— 20 mm厚1:3或DS M15水泥砂浆找平层
— 最薄30 mm厚LC5.0轻集料混凝土2%找坡层
— 钢筋混凝土屋面板

图 4.51 保湿不上人屋面基本构造
(正置式)

②采用 1:3 水泥砂浆做约 20 mm 厚的找平层。

③将保温层(挤塑聚苯板 XPS 或聚苯乙烯泡沫板 EPS)用聚合物砂浆粘贴在找平层之上,厚度约60 mm,拼缝处用贴胶带。

④采用 20 mm 厚的1:3 水泥砂浆找平收光。

⑤粘贴防水层卷。

⑥热熔粘贴石油沥青卷材。

⑦刮抹 20 mm 厚水泥砂浆保护层,需设分隔缝防开裂。

2)保温上人屋面(正置式)

(1)基本构造图

基本构造图如图 4.52 所示。

(2)构造图解读

①在钢筋混凝土屋面板上,用最薄厚 30 mm 轻集料混凝土做 2% 找坡层(采用直式排水)。

②采用 1:3 水泥砂浆做约 20 mm 厚的找平层。

③将保温层(挤塑聚苯板 XPS 或聚苯乙烯泡沫板 EPS)用聚合物砂浆粘贴在找平层之上,厚度约60 mm,拼缝处用贴胶带。

④采用 20 mm 厚的1:3 水泥砂浆找平收光。

⑤粘贴防水层卷。

⑥刮抹 10 mm 厚低强度等级砂浆隔离层。

⑦现浇 40 mm 厚标号 C20 细石混凝土保护层,内配直径 6 mm 钢筋(间距 150 mm)双向钢筋网片防开裂。

- 40 mm厚C20细石混凝土保护层(内配 φ6@150双向钢筋网片)
- 10 mm厚低强度等级砂浆隔离层
- 防水层
- 20 mm厚1:3或DS M15水泥砂浆找平层
- 保温层
- 20 mm厚1:3或DS M15水泥砂浆找平层
- 最薄30 mm厚LC5.0轻集料混凝土2%找坡层
- 钢筋混凝土屋面板

图 4.52　保温上人屋面基本构造(正置式)

3)保温隔汽不上人屋面(正置式)

(1)基本构造图

基本构造图如图 4.53 所示。

(2)构造图解读

①在钢筋混凝土屋面板上,采用厚 20 mm 用 1:3 水泥砂浆做约 20 mm 厚的找平层。

②涂刷 1.2 mm 厚聚氨酯防水涂料(隔汽层,用于阻止室内水蒸气渗透保温层而设的构造层)。

③用最薄厚 30 mm LC5.0 轻集料混凝土做 2% 找坡层(采用直式排水)。

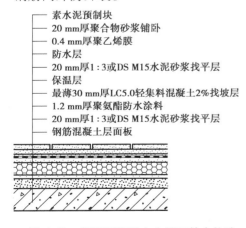

- 素水泥预制块
- 20 mm厚聚合物砂浆铺卧
- 0.4 mm厚聚乙烯膜
- 防水层
- 20 mm厚1:3或DS M15水泥砂浆找平层
- 保温层
- 最薄30 mm厚LC5.0轻集料混凝土2%找坡层
- 1.2 mm厚聚氨酯防水涂料
- 20 mm厚1:3或DS M15水泥砂浆找平层
- 钢筋混凝土层面板

图 4.53　保温隔汽不上人屋面基本构造
(正置式)

④将保温层(挤塑聚苯板XPS或聚苯乙烯泡沫板EPS)用聚合物砂浆粘贴在找平层之上,厚度约60 mm,拼缝处用贴胶带。

⑤采用20 mm厚的1:3水泥砂浆或LC5.0轻集料混凝土找平收光。

⑥粘贴防水层卷。

⑦0.4 mm厚聚乙烯膜(隔离层,用于保护防水层)。

⑧20 mm厚聚合物砂浆铺卧。

⑨铺贴素水泥预制块。

4)保温隔汽上人屋面(正置式)

(1)基本构造图

基本构造图如图4.54所示。

(2)构造图解读

①在钢筋混凝土屋面板上,采用厚20 mm用1:3水泥砂浆做约20 mm厚的找平层。

②涂刷1.2 mm厚聚氨酯防水涂料(隔汽层,用于阻止室内水蒸气渗透保温层而设的构造层)。

③用最薄厚30 mm LC5.0轻集料混凝土做2%找坡层(采用直式排水)。

④将保温层(挤塑聚苯板XPS或聚苯乙烯泡沫板EPS)用聚合物砂浆粘贴在找平层之上,厚度约60 mm,拼缝处用贴胶带。

⑤采用20 mm厚的1:3水泥砂浆或LC5.0轻集料混凝土找平收光。

⑥粘贴防水层卷。

⑦0.4 mm厚聚乙烯膜(隔离层,用于保护防水层)。

⑧20 mm厚聚合物砂浆铺卧。

⑨铺贴防滑地砖,地砖之间用防水砂浆勾缝。

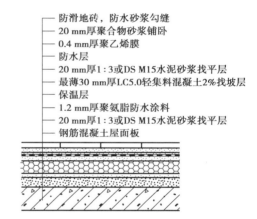

图4.54　保温隔汽上人屋面基本构造
（正置式）

防滑地砖,防水砂浆勾缝
20 mm厚聚合物砂浆铺卧
0.4 mm厚聚乙烯膜
防水层
20 mm厚1:3或DS M15水泥砂浆找平层
最薄30 mm厚LC5.0轻集料混凝土2%找坡层
保温层
1.2 mm厚聚氨脂防水涂料
20 mm厚1:3或DS M15水泥砂浆找平层
钢筋混凝土屋面板

5)保温不上人屋面(倒置式)

● 实例一

(1)基本构造图

基本构造图如图4.55、图4.56所示。

(2)构造图解读

①在钢筋混凝土屋面板上,采用最薄处厚度为30 mm的LC5.0轻集料混凝土做3%找坡

层（采用直式排水）。

②采用 20 mm 厚的 1:3 水泥砂浆或地面 DS 粘贴防水层卷。

③将保温层（挤塑聚苯板 XPS 或聚苯乙烯泡沫板 EPS）用聚合物砂浆粘贴在找平层之上，厚度约 60 mm，拼缝处用贴胶带。

④热熔粘贴石油沥青卷材一层。

⑤刮抹 20 mm 水泥砂浆保护层（设分隔缝）。

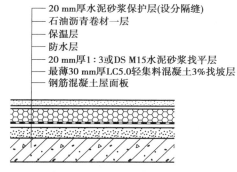

图 4.55　保温不上人屋面基本构造（倒置式）一

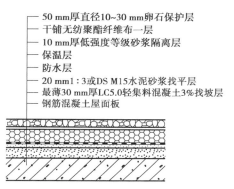

图 4.56　保温不上人屋面基本构造（倒置式）二

● 实例二

（1）基本构造图

基本构造图如图 4.56 所示。

（2）构造图解读

①在钢筋混凝土屋面板上，采用最薄处厚度为 30 mm 的 LC5.0 轻集料混凝土做 3% 找坡层（采用直式排水）。

②采用 20 mm 厚的 1:3 水泥砂浆或地面 DS 标号 M15 水泥砂浆找平收光。

③粘贴防水层卷。

④将保温层（挤塑聚苯板 XPS 或聚苯乙烯泡沫板 EPS）用聚合物砂浆粘贴在找平层之上，厚度约 60 mm，拼缝处用贴胶带。

⑤刮抹 10 mm 厚低强度等级砂浆隔离层。

⑥干铺无纺聚酯纤维布一层。

⑦铺贴 50 mm 厚直径 10 ~ 30 mm 卵石保护层。

6）保温上人屋面（倒置式）

● 实例一

（1）基本构造图

基本构造图如图 4.57 所示。

（2）构造图解读

①在钢筋混凝土屋面板上，采用最薄处厚度为 30 mm 的 LC5.0 轻集料混凝土做 3% 找坡

层(采用直式排水)。

②采用20 mm厚的1:3水泥砂浆或地面DS标号M15水泥砂浆找平收光。

③粘贴防水层卷。

④将保温层(挤塑聚苯板XPS,或聚苯乙烯泡沫板EPS)用聚合物砂浆粘贴在找平层之上,厚度约60 mm,拼缝处用贴胶带。

⑤刮抹10 mm厚低强度等级砂浆隔离层。

⑥现浇40 mm厚标号C20细石混凝土保护层,内配直径6 mm钢筋(间距150 mm)双向钢筋网片防开裂。

● 实例二

(1)基本构造图

基本构造图如图4.58所示。

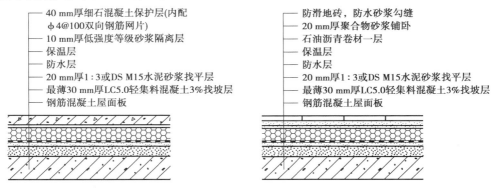

图4.57 保温上人屋面基本构造(倒置式)一　图4.58 保温上人屋面基本构造(倒置式)二

(2)构造图解读

①在钢筋混凝土屋面板上,采用最薄处厚度为30 mm的LC5.0轻集料混凝土做3%找坡层(采用直式排水)。

②采用20 mm厚的1:3水泥砂浆或地面DS标号M15水泥砂浆找平收光。

③粘贴防水层卷。

④将保温层(挤塑聚苯板XPS或聚苯乙烯泡沫板EPS)用聚合物砂浆粘贴在找平层之上,厚度约60 mm,拼缝处用贴胶带。

⑤热熔粘贴石油沥青卷材。

⑥20 mm厚聚合物砂浆铺卧。

⑦铺贴防滑地砖,地砖之间用防水砂浆勾缝。

7)坡屋面保温(正置式)

(1)基本构造图

基本构造图如图4.59所示。

（2）构造图解读

①采用 20 mm 厚的 1∶3 水泥砂浆或地面 DS 标号 M15 水泥砂浆找平收光。

②将保温层（挤塑聚苯板 XPS，或聚苯乙烯泡沫板 EPS）用聚合物砂浆粘贴在找平层之上，厚度约 60 mm，拼缝处用贴胶带。

③粘贴防水层卷。

④现浇 35 mm 厚细石混凝土找平层，内配直径 6 mm 钢筋（间距 500 mm）双向钢筋网片防开裂。

⑤可用木顺水条（30 mm×25 mm），钢钉固定。

⑥可用木挂瓦条（30 mm×25 mm），水泥钉固定。

⑦屋面瓦挂于挂瓦条上。

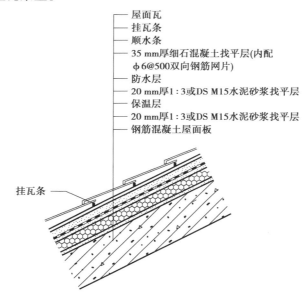

图 4.59　坡屋面保温基本构造（正置式）

8）坡屋面保温（倒置式）

（1）基本构造图

基本构造图如图 4.60 所示。

（2）构造图解读

①采用 20 mm 厚的 1∶3 水泥砂浆或地面 DS 标号 M15 水泥砂浆找平收光。

②粘贴防水层卷。

③将保温层（挤塑聚苯板 XPS，或聚苯乙烯泡沫板 EPS）用聚合物砂浆粘贴在找平层之上，厚度约 60 mm，拼缝处用贴胶带。

④现浇 35 mm 厚细石混凝土找平层，内配直径 6 mm 钢筋（间距 500 mm）双向钢筋网片

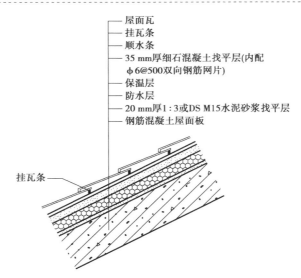

图 4.60　坡屋面保温基本构造（倒置式）

防开裂。

⑤可用木顺水条（30 mm×25 mm），钢钉固定。

⑥可用木挂瓦条（30 mm×25 mm），水泥钉固定。

⑦屋面瓦挂于挂瓦条上。

9）种植屋面

（1）基本构造图

基本构造图如图 4.61 所示。

（2）构造图解读

①将保温层（挤塑聚苯板 XPS，或聚苯乙烯泡沫板 EPS）用聚合物砂浆粘贴于钢筋混凝土屋面板之上。

②用最薄处厚 30 mm 轻集料混凝土做 2% 找坡层（采用直式排水）。

③采用 1∶3 水泥砂浆做约 20 mm 厚的找平层。

④热熔施工普通防水层。

⑤热熔施工耐根穿刺 SBS 改性沥青防水卷材。

⑥采用 1∶3 水泥砂浆或地面 DS 标号 M15 水泥砂浆做约 20 mm 厚的找平层。

⑦20 mm 高凸凹形塑料排（蓄）水板，凸点向上。

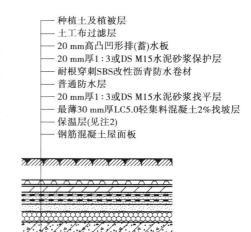

图 4.61　种植屋面基本构造

⑧铺设土工布过滤层，搭接缝用线绳连接，四周上翻 100 mm，端部及收头 50 mm 范围内

用胶黏剂与基层粘牢。

⑨根据设计要求,铺设不同厚度的种植土及植被层。

10)屋面保温隔热细部构造——坡屋顶

(1)基本构造图

基本构造图如图4.62所示。

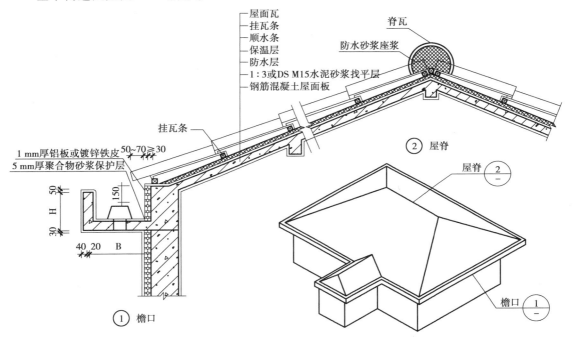

图4.62 坡屋顶屋面保温隔热细部构造

(2)构造图解读

①构造图①是坡屋顶檐口构造详图。檐口是指建筑构图中在顶部的典型地带线脚并凸的水平部件。一般来说,屋面檐口是指大屋面的最外边缘处的屋檐的上边缘,即"上口"。

②构造图②是坡屋顶屋脊构造详图。屋脊是指屋顶相对的斜坡或相对的两边之间顶端的交汇线。

③檐口构造详图中,1 mm 厚铝板或镀锌铁皮、5 mm 厚聚合物砂浆保护层起到防水和保温的作用。

11)屋面保温隔热细部构造——屋面防火隔离带设置

(1)基本构造图

基本构造图如图4.63所示。

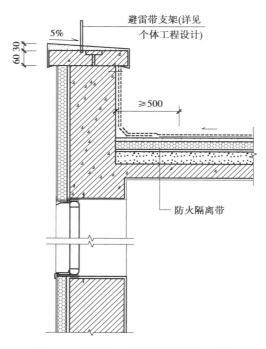

图 4.63　屋面防火隔离带设置基本构造

（2）构造图解读

防火隔离带与保温层在同一平面层,防火隔离带可用岩棉带和发泡水泥板等材料,将防火隔离层置于与墙体交接处。按规定需要设置防火隔离带时,屋面与外墙之间应采用宽度不小于 500 mm 的不燃材料设置防火隔离带进行分隔。

12）屋面保温隔热细部构造——檐沟

（1）基本构造图
基本构造图如图 4.64 所示。

（2）构造图解读
①檐沟是屋檐边的集水沟,沿沟长单边收集雨水且溢流雨水能沿沟边溢流到室外。
②水泥钉＋金属压条的作用是固定保护层和防水卷材。
③密封材料是指建筑密封胶嵌缝。

13）屋面保温隔热细部构造——雨水口

（1）基本构造图
基本构造图如图 4.65 所示。

（2）构造图解读
①雨水口是在雨水管渠或合流管渠上收集雨水的构筑物。

②铁箅子是一组铸铁件,用来遮盖沟槽、坑等保护人的安全或保护树木等不受损害的维护构件。

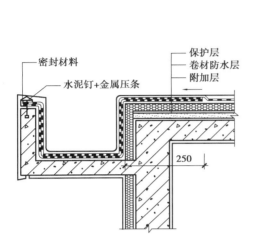

图 4.64 屋面檐沟保温隔热细部构造

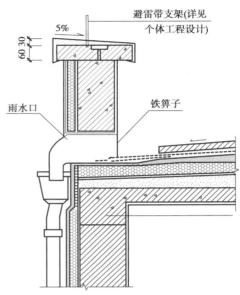

图 4.65 屋面雨水口保温隔热细部构造

14)屋面保温隔热细部构造——女儿墙

(1)基本构造图

基本构造图如图 4.66—图 4.69 所示。

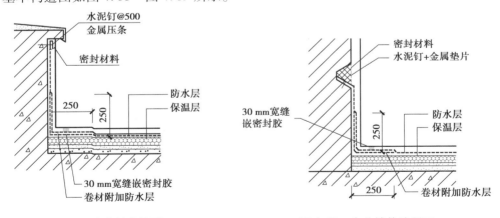

图 4.66 女儿墙构造图一

图 4.67 女儿墙构造图二

(2)构造图解读

①水泥钉@500 是指用水泥钉固定,间距为 500 mm。

②密封材料是指嵌入此处建筑物缝隙,能承受位移且能达到气密、水密目的的建筑密封材料。

③30 mm 宽缝嵌密封胶是指缝宽 30 mm,用密封胶填缝。

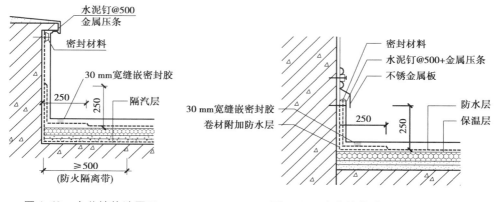

图 4.68　女儿墙构造图三　　　　　图 4.69　女儿墙构造图四

15)屋面保温隔热细部构造——横式落水口

(1)基本构造图

基本构造图如图 4.70 所示。

(2)构造图解读

构造图中,≥5%是指做角度大于 5°的排水坡。

16)屋面保温隔热细部构造——出入口

(1)基本构造图

基本构造图如图 4.71 所示。

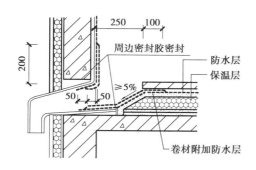

图 4.70　屋面横式落水口保温隔热细部构造

(2)构造图解读

①护墙设置在屋面水平出入口泛水。

②防水层收头应压在混凝土踏步下。

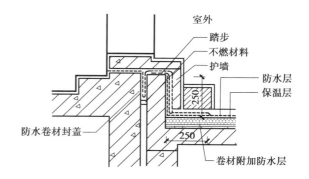

图 4.71　屋面出入口保温隔热细部构造

17）屋面保温隔热细部构造——变形缝

（1）基本构造图

基本构造图如图 4.72 所示。

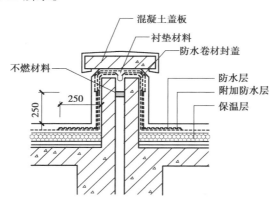

图 4.72 屋面变形缝保温隔热细部构造

（2）构造图解读

①变形缝处填充不燃材料。

②防水层收头应压在混凝土盖板下。

参考文献

［1］中华人民共和国住房和城乡建设部. 总图制图标准:GB/T 50103—2010［S］. 北京:中国计划出版社,2011.

［2］中华人民共和国住房和城乡建设部. 房屋建筑图统一标准:GB/T 50001—2017［S］. 北京:中国建筑工业出版社,2018.

［3］中华人民共和国住房和城乡建设部. 绿色建筑评价标准:GB/T 50378—2019［S］. 北京:中国建筑工业出版社,2019.

［4］谷云香,徐蔚. 建筑识图与构造［M］. 郑州:黄河水利出版社,2009.

［5］陈乔. 建筑工程识图与构造［M］. 上海:上海交通大学出版社,2015.

［6］季敏. 建筑制图与构造基础［M］. 北京:机械工业出版社,2011.

［7］周坚. 建筑识图［M］. 北京:中国电力出版社,2015.

［8］宋莲琴. 建筑制图与识图［M］. 北京:清华大学出版社,2005.

［9］郝永池,袁利国. 绿色建筑［M］. 北京:化学工业出版社,2018.

［10］本书编委会. 建筑施工图识读［M］. 北京:中国建筑工业出版社,2015.

［11］中华人民共和国住房和城乡建设部. 公共建筑节能构造(夏热冬冷和夏热冬暖地区):17J 908-2［S］. 北京:中国计划出版社,2017.

［12］班广生. 建筑围护结构节能设计与实践［M］. 北京:中国建筑工业出版社,2010.

［13］杨焱. 居住建筑节能设计优化与评价研究［D］. 郑州:华北水利水电大学,2018.